普通高等教育"十二五"规划教材

电工与电气
测量实训教程

主　编　徐晓莹

副主编　应文博　张　琳

主　审　张艳凤

中国水利水电出版社

www.waterpub.com.cn

内 容 提 要

本书包括五个学习项目：认知变配电装置电测仪表、常用电工仪表使用及常用元器件识别、直流电路分析测试、交流电路分析测试及触电急救训练，并附有检测练习题和电工与电气测量课程标准。书中内容本着"项目引领、任务驱动、教学做评一体化"的原则组织编写，内容的实施采用作业指导书的方式进行，将理论知识贯穿于各个任务实践的环节中，使学习体系课程内容与行动体系课程内容在结构上实现相互衔接、互补和交融，从中培养学生的职业能力和职业素养，具有极强的针对性、实用性和可操作性。

本书可以作为高职院校机、电大类专业电路基础及电气测量课内实训教材，也可作为学生的技能训练教材或职工培训教材，也可以作为中级维修电工技能鉴定参考用书。同时也可供应用型本科相关专业使用。

本书配有电子课件，读者可以从中国水利水电出版社网站免费下载，网址为 http：//www. waterpub. com. cn/softdown／。

图书在版编目（ＣＩＰ）数据

电工与电气测量实训教程 / 徐晓莹主编. -- 北京：中国水利水电出版社，2015.7
　普通高等教育"十二五"规划教材
　ISBN 978-7-5170-3478-0

Ⅰ．①电… Ⅱ．①徐… Ⅲ．①电工技术－高等学校－教材②电气测量－高等学校－教材 Ⅳ．①TM

中国版本图书馆CIP数据核字(2015)第185870号

书 名	普通高等教育"十二五"规划教材 **电工与电气测量实训教程**
作 者	主编 徐晓莹 副主编 应文博 张琳 主审 张艳凤
出版发行	中国水利水电出版社 （北京市海淀区玉渊潭南路1号D座　100038） 网址：www. waterpub. com. cn E-mail：sales@waterpub. com. cn 电话：(010) 68367658（发行部）
经 售	北京科水图书销售中心（零售） 电话：(010) 88383994、63202643、68545874 全国各地新华书店和相关出版物销售网点
排 版	中国水利水电出版社微机排版中心
印 刷	北京瑞斯通印务发展有限公司
规 格	184mm×260mm　16开本　11印张　261千字
版 次	2015年7月第1版　2015年7月第1次印刷
印 数	0001—2000册
定 价	**26.00元**

前 言
QIANYAN

本书根据国家职业教育改革的精神，加大课程建设与改革的力度，增强学生的职业能力，积极推进"双证书"制度，以实际岗位的工作任务与过程构建课程内容和课程标准，以职业资格证书的考核标准实施课程的考核，结合辽宁省教育科学"十二五"规划立项课题——"高职技能实训与职业技能鉴定深度融合的研究"组织教材内容，展现了课题研究的成果。

本书编写特色如下：

第一，教材内容的选取本着以职业岗位能力为重点，知识、技能并重，以能力和技能为主线的原则，尝试打破传统学科体系课程内容结构，解构原设的电路基础、电气测量课程内容，重新进行优化整合，避免了内容上的交叉和重复，实现知识体系的有序衔接；将理论知识贯穿于各个任务实践的环节中，实现理论和实践的有机融合，既满足理论知识的必需够用，又强化了职业技能的培养，达到为专业应用创造必要条件的目的。

第二，在教材内容的组织上，设计了一体化学习任务书，每项任务实训包含任务分析、任务实施、学习评价及知识认知。教师和学生之间形成沟通配合的有机整体，通过构建具体的工作任务作为切入点，在课堂上直接对具体的作业任务进行教、对作业任务的实施与消化进行学、对作业任务的完成进行做、对作业标准的执行情况进行评，真正实现教学做评一体化教学。因为学生在上课前就明白学什么、怎么学、在哪学，学生们能有计划、有目的、有评价过程的学与习、练与做，充分挖掘出学生理解和掌握知识技能方面的潜能，极大地增强了学习的积极性和主动性。

第三，对每项任务实践内容，结合电工岗位工作特点，采用作业指导书的方式实施，具体包括电工作业工作票、电工作业申请票和电工作业操作票。其中电工作业操作票中融合职业标准制定了清晰、明确、精细化的作业步骤、作业内容及作业标准，将技能操作的应会知识和实际操作技能进行融合，具有极强的针对性、实用性和可操作性，从中可以让学生有章可循、有法可依、一步一个脚印，有条不紊地完成训练任务，并在解决任务的过程中训练学生的职业技能和职业素养，培养学生从事电工岗位工作的工程意识。因为引入实训操作与岗位实际工作流程接轨，有利于"工学结合"的培养模式的实施，体现校内学习与工作的一致性，同时也培养了学生考核岗位证书的能力。

本书由辽宁水利职业学院徐晓莹担任主编，由辽宁水利职业学院应文博和辽宁交通高等专科学校张琳担任副主编，由辽宁水利职业学院张艳凤担任主审。具体分工如下：徐晓莹编写电工与电气测量课程标准及项目 2、项目 3、项目 4，张琳编写项目 1，应文博编写项目 5 及附录。全书由徐晓莹负责统稿。本书还借鉴了其他院校的教学经验及优秀教材的部分内容，在此致以衷心的感谢。

由于编者水平有限，书中疏漏与不妥之处恳请读者给予批评指正。

编　者

2015 年 5 月

目 录
MULU

前言

"电工与电气测量"课程标准 ·· 1

项目1 认知变配电装置电测仪表 ·· 5

    任务1.1 认知变配电所 ·· 5

    任务1.2 认知变配电装置电测仪表配置 ·························· 11

项目2 常用电工仪表使用及常用元器件识别 ·························· 16

    任务2.1 认知电工仪表的技术特性 ······························ 16

    任务2.2 直流电流表、直流电压表的使用 ························ 23

    任务2.3 交流电流表、交流电压表的使用 ························ 29

    任务2.4 测量用互感器的使用 ·································· 35

    任务2.5 钳型电流表的使用 ···································· 40

    任务2.6 功率表的使用 ·· 44

    任务2.7 电能表的使用 ·· 52

    任务2.8 万用表的使用 ·· 64

    任务2.9 电桥的使用 ·· 73

    任务2.10 绝缘电阻表的使用 ···································· 78

    任务2.11 电路元件识别与检测 ·································· 85

项目3 直流电路分析与测试 ·· 98

    任务3.1 电阻元件伏安特性测试 ································ 98

    任务3.2 电路中电位、电压的测定 ······························ 101

    任务3.3 电阻串并联电路测试 ·································· 104

    任务3.4 基尔霍夫定律测试 ···································· 108

    任务3.5 叠加定理测试 ·· 111

    任务3.6 戴维南定理测试 ······································ 114

项目4 交流电路分析与测试 ·· 119

    任务4.1 R、L、C元件伏安特性测试 ························ 119

    任务4.2 交流电路元件参数测试 ································ 123

    任务4.3 交流串联电路电压电流关系测试 ························ 126

任务 4.4　感性负载提高功率因数测试 ……………………………………………… 130

任务 4.5　三相负载星形连接电路测试 ………………………………………………… 134

任务 4.6　三相负载三角形连接电路测试 ……………………………………………… 138

任务 4.7　三相电路功率测试 …………………………………………………………… 141

任务 4.8　同名端及互感系数测试 ……………………………………………………… 145

项目 5　触电急救训练 ………………………………………………………………… 150

任务 5.1　认知人体触电及其影响因素 ………………………………………………… 150

任务 5.2　认知心肺复苏术 ……………………………………………………………… 154

附录　检测练习题 ……………………………………………………………………… 160

参考文献 ………………………………………………………………………………… 167

"电工与电气测量"课程标准

1. 课程性质与作用

"电工与电气测量"是电力技术类、机电设备类或电气自动化类等专业必修的专业基础课程。通过课程的学习能使学生获得从事电气工程技术工作必须具有的电气测量与电工仪表的基本知识、电工操作基本技能以及从事电工工作的安全规范操作意识，培养学生科学思维能力、严肃认真的科学作风和理论联系实际的工程观点。为学习后续课程及使其成为具有创新应用精神和实践能力的高素质工程技术人才奠定坚实的基础。

完成"电工与电气测量"课程的学习后，可以满足学生毕业后从事供配电系统、用电系统电气设计、运行、维护、管理及变配电站电气设备安装、调试、检修等工作岗位所必须具备的电气测量和仪表使用的基本知识和能力。

2. 课程设计思路

"电工与电气测量"课程是依据供用电技术、机电设备维修与管理及电气自动化专业毕业生面向的各职业岗位共同的和基本的知识、能力、素质的需求而设置的，并以此确立课程培养目标，选取课程内容，设计学习性工作任务。

"电工与电气测量"课程内容的组织立足于培养学生的实际工作能力，打破以知识传授为主要特征的传统学科课程模式，转变为以工作任务为中心组织课程内容，使学习体系课程内容与行动体系课程内容在结构上实现相互衔接、互补和交融，强调为了行动而学习，通过行动来学习。具体实施课程任务时采用作业指导书的方式，教师和学生之间形成沟通配合的有机整体，在课堂上直接对具体的作业任务进行教、对作业任务的实施与消化进行学、对作业任务的完成进行做、对作业标准的执行情况进行评，真正实现教学做评一体化教学。

采用作业指导书的训练方式，让学生一步一个脚印，有条不紊的完成训练任务，并在解决任务的过程中训练了学生的职业技能和职业素养，培养了学生的工程意识。

3. 课程目标

（1）能力目标：

1）专业能力。具备基本电路装接、检查及运用能力；具备常用电工工具、电工仪器仪表的使用能力；具备安全用电和触电急救能力。

2）方法能力。具有较强的信息采集与处理的能力；具有自主学习、自我提高的能力；具有分析和决策能力。具有独立分析和解决实际问题的能力；能制定工作计划并进行实施的能力。

3）社会能力。具有吃苦耐劳、爱岗敬业、诚实守信等职业道德；具有良好的心理素质和身体素质；具有语言表达、人际沟通能力；具有团队协作、组织协调能力。

（2）知识目标。掌握电路基础、电气测量和电工仪表的基础知识，掌握常用电气测量仪表的选择、使用与维护的基本知识。

（3）职业素质目标。热爱电工技术工作，具备良好的职业纪律素质；树立从事电工工作的安全、规范、严格、有序的操作意识；树立实事求是、求真存疑的科学态度和严肃认真、一丝不苟的工作作风。

4. 课程总体设计

课 程 总 体 设 计

序号	学习项目	学 习 目 标		学习型工作任务	参考学时
		知识目标	专业能力目标		
1	认知变配电装置电测仪表	1. 了解供配电系统的基本概念、组成和作用 2. 了解供配电线路特点及电力负荷的分类 3. 了解供电质量的基本要求 4. 了解供配电装置对电气测量仪表的一般要求	1. 能够知道电能如何产生、传输和分配 2. 能知道变、配电所的作用 3. 能知道电力负荷的分类及对供电的要求 4. 能知道变配电装置中电气测量仪表的配置要求	任务 1.1 认知变配电所	4
				任务 1.2 认知变配电装置电测仪表配置	
2	常用电工仪表使用及常用元器件识别	1. 掌握电工指示仪表的技术特性 2. 了解电工仪表的基本结构和工作原理 3. 了解电工仪表误差的表示方式及准确度等级 4. 了解常用电工仪表的种类、功能、使用方法、技术数据 5. 掌握电阻、电感、电容元件主要技术参数的意义	1. 能根据测量任务的需要正确选用电工仪表 2. 能熟练、规范的使用电工仪表测量相关物理量 3. 能正确识别各种型号的电阻、电感、电容 4. 能选用适当的方法对电阻、电感、电容进行检测	任务 2.1 认知电工仪表的技术特性	24
				任务 2.2 直流电流表、直流电压表的使用	
				任务 2.3 交流电流表、交流电压表的使用	
				任务 2.4 测量用互感器的使用	
				任务 2.5 钳型电流表的使用	
				任务 2.6 功率表的使用	
				任务 2.7 电能表的使用	
				任务 2.8 万用表的使用	
				任务 2.9 电桥的使用	
				任务 2.10 绝缘电阻表的使用	
				任务 2.11 电路元件识别与检测	

续表

序号	学习项目	学 习 目 标		学习型工作任务	参考学时
		知识目标	专业能力目标		
3	直流电路分析与测试	1. 掌握电路的基本物理量及其测试方法 2. 掌握电路工作情况的基本分析方法 3. 掌握电路图的基本识读方法 4. 掌握电工测量方法的分类及其正确选用	1. 具备从事电工工作安全、规范、严格、有序的操作意识 2. 具备按图接线和装接工艺的基本技能 3. 具备调试简单电路实验或简单电路故障排除的能力 4. 具备正确观察、读取实验数据及实验现象以及分析和判断实验结果合理性的能力	任务3.1 电阻元件伏安特性测试 任务3.2 电路中电位、电压的测定 任务3.3 电阻串并联电路测试 任务3.4 基尔霍夫定律测试 任务3.5 叠加定理测试 任务3.6 戴维南定理测试	14
4	交流电路分析测试	1. 掌握交流电路基本元件的伏安特性 2. 掌握交流电路基本物理量：电流、电压、功率、功率因数及电能的物理意义 3. 掌握RLC串联及并联电路中电压、电流关系 4. 掌握三相负载星形及三角形连接电路中，线电压和相电压、线电流和相电流的关系 5. 掌握互感电路的同名端、互感系数的概念	1. 具备从事电工工作安全、规范、严格、有序的操作意识 2. 能根据测试要求正确选择负载的连接方式并能够正确连接 3. 能正确使用交流仪表测试交流电路基本物理量 4. 能选用合适的电工仪表和电工测量方法测试交流电路参数 5. 能正确读取、分析和处理数据，观察实验现象，撰写实验报告	任务4.1 R、L、C元件伏安特性测试 任务4.2 交流电路元件参数测试 任务4.3 交流串联电路电压电流关系测试 任务4.4 感性负载提高功率因数测试 任务4.5 三相负载星形连接电路测试 任务4.6 三相负载三角形连接电路测试 任务4.7 三相电路功率测试 任务4.8 同名端及互感系数测试	18
5	触电急救训练	1. 了解人体触电形式及其影响因素 2. 掌握触电急救措施	1. 能在用电过程中采取正确的触电防护措施 2. 能根据触电者的具体情况实施有效的触电急救措施	任务5.1 认知人体触电及其影响因素 任务5.2 认知心肺复苏术	4

5. 考核方案

本课程采用过程性评价和结果性评价相结合的考核评价模式。课程考核内容与成绩组成见下表，其中过程性考评成绩占课程总成绩的70％，期末集中考评成绩占课程总成绩的30％。

课 程 成 绩 考 评 表

考评方式及考核内容	达标考核（70分）					期末考核（30分）
	学习纪律考评	学习态度考评	理论成绩考评	基本技能考评	基本能力考评	综合考评
权重/%	10	15	15	20	10	30
考评实施	主要考查学生按时上课情况，迟到、早退及旷课次数；课堂遵守纪律情况等	主要考查学生认真操作、认真完成作业；积极主动参与任务策划与完成等情况	根据学生平时测验、阶段测验的成绩，考查学生对知识的理解与掌握情况	仪器仪表使用；电路连接；数据测试；记录与处理；安全、规范、文明操作；实验报告规范书写	独立操作、分析问题和解决问题；认真负责；沟通协作	主要考查学生对知识的综合运用情况

项目1 认知变配电装置电测仪表

知识目标：

1. 了解供配电系统的基本概念、组成和作用。

2. 了解供配电线路特点及电力负荷的分类。

3. 了解供电质量的基本要求。

4. 了解供配电装置对电气测量仪表的一般要求。

能力目标：

1. 能够知道电能如何产生、传输和分配。

2. 能知道变、配电所的作用。

3. 能知道电力负荷的分类及对供电的要求。

4. 能知道变配电装置中电气测量仪表的配置要求。

5. 能通过各种媒体资源查找、整理、提炼所需信息。

任务1.1 认知变配电所

【一体化学习任务书】

工作负责人：＿＿＿＿＿＿

工作班组：＿＿＿＿＿班＿＿＿＿＿级＿＿＿＿＿组

1. 任务分析

变配电所是供电系统的枢纽，担负着接收电能、变换电压和分配电能的作用。学校变电所的电压等级为10kV，它担负着将从10kV电网引入的电压降为220/380V，然后直接提供给学校各个用户使用的任务，是对学校内部输送电能的中心枢纽。

本任务通过参观学校或工厂变配电所，初步认知供配电系统，为学习供用电知识奠定基础。本任务要求完成如表1.1.1所示内容。

2. 任务实施

本任务的实施见表1.1.2～表1.1.4。

3. 学习评价

对以上任务完成的过程进行评价见表1.1.5。

表 1.1.1 供配电系统知识学习

1. 电力系统是指 _____ ，
其由 _____ 环节组成。
2. 衡量电能质量的基本参数是 _____ 。
3. 对于额定电压是 220V 单相供电线路，我国国家标准规定的电压偏差允许值是 _____ ；对于 10kV 及以下三相供电电压允许偏差为 _____ 。
4. 电力网是指 _____ ；
电网的任务是 _____ 。
5. 为什么要高压输电，低压用电 _____ _____ 。
6. 变电所的作用是 _____ ；
配电所的作用是 _____ 。
7. 变配电所的结构型式主要有 _____ 。
8. 变配电所的电气设备主要包括有 _____ _____ 。
9. 我国电力系统额定电压等级有 _____ _____ 。
10. 我国国家标准规定的电力系统标准频率是 _____ ；举例说明哪些国家的频率是 60Hz _____ 。
11. 发电厂发出的交流电的波形是 _____ 。
12. 根据用户的重要程度和对供电可靠性的要求的不同，用电负荷可以分为 _____ _____ 。

表 1.1.2 电 工 作 业 工 作 票

工作任务：认知变配电所			
工作时间：		工作地点：	
任务目标	1. 了解变配电所的作用 2. 认识变配电所的结构形式 3. 了解电力系统基本知识		
任务设备	仪器、仪表、工具		准备情况
	1. 变电所或配电所 2. 低压配电装置		
预备知识和技能	相关知识技能		相关资源
	1. 电力系统基本知识 2. 变配电所的作用 3. 电力负荷分类		1. 教材：电工与电气测量实训教程 2. 作业票：工作票、申请票、操作票 3. 其他媒体资源
工作票签发人签名：			

表 1.1.3 电工作业申请票

工作人员要求		作业前准备工作	
身体健康、精神饱满	爱护设备，保持环境清洁	掌握预备知识和技能	提前填写作业票相关内容
认真负责，团结协作	持作业票作业	清楚作业程序	做好安全保护措施
严格执行工作程序、规范及安全操作规程		准备好后提出作业申请	
作业执行人签名：			作业许可人签名：

表 1.1.4 电工作业操作票

学习领域：电工与电气测量		项目 1：认知变配电装置电测仪表	
任务 1.1：认知变配电所			学时：2 学时
作业步骤		作业内容及标准	作业标准执行情况
开工准备	1. 进行"安全、规范、严格、有序"的实践纪律教育	明确实践纪律和要求	
	2. 布置实践任务及场所	明确实践任务及场所	
	3. 学习有关变配电所知识	自己查找资料或请教专业人员、老师学习变电所的基本知识，完成任务习题	
	4. 作业危险点	(1) 严格执行工作程序，听从现场工作人员指挥，不得随意走动； (2) 严禁触及带电设备； (3) 未经专业工作人员允许，不得接近设备，保持安全距离； (4) 禁止移动或越过遮栏	
参观变配电所	5. 接受现场安全教育	明确进入现场安全注意事项	
	6. 观察变电所的建筑结构	认识户外型、户内型变电所	
	7. 观察高压进户线	认识进户线位置	
	8. 观察变压器	了解变压器型号、功能	
	9. 观察配电装置	认识配电装置形式、组成	
完工	10. 整理实践记录，撰写实践总结	完成学习总结	
工作执行人签名：			工作监护人签名：

表 1.1.5 学习评价表

自我评价	以上 10 个作业步骤，每完成一个步骤加 1 分，共计 10 分				得分：
小组评价	课前准备	安全文明操作	工作认真、专心、负责	团队沟通协作，共同完成工作任务	实训报告书写
	每项 2 分，共计 10 分				得分：
教师评价					

【知识认知】

1. 电力系统的概念

电力系统是通过电力网将分散在各地区的不同类型的发电厂、变电所和电力用户联系起来的一个统一整体，它由发电、输电、变电、配电和用电几个环节组成，如图 1.1.1 所示。

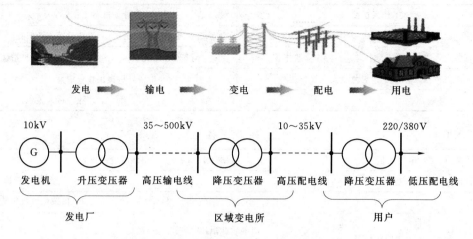

图 1.1.1　电能的传输与分配过程示意图

电力系统是一个可以实现对电能进行集中管理、统一调度和分配的有机整体，其优越性有以下几个方面：

（1）提高供电的可靠性。由于大型电力系统的构成，使得电力系统的稳定性大大提高，对用户供电的可靠性也相应地提高。当电力网构成环网时，对重要用户的供电就有了保证。当系统中某局部设备故障或某部分线路检修时，可以通过变更电力网的运行方式，对用户连续供电，从而减少了由于停电所造成的损失，使电力系统的运行更具灵活性。

（2）减少系统的总装机容量。各地区可以通过电力网互相支援，互为备用，为保证电力系统所必需的备用机组数量可大大地减少。

（3）提高运行的经济性。可以根据季节的不同充分发挥不同电厂的作用，实现大范围联合经济调度；可以合理地分配负荷，降低系统的高峰负荷，调整峰谷曲线，降低发电成本，从而提高整个电网运行的经济性。

2. 发电厂

发电厂是生产电能的工厂，它把其他形式的能源，如煤炭、石油、天然气、水能、原子核能、风能、太阳能、地热、潮汐能等，通过发电设备转换为电能。根据所利用能源的不同，发电厂分为水力发电厂、火力发电厂、核能发电厂、风力发电厂、地热发电厂、太阳能发电厂等类型。我国以火力发电为主，其次是水力发电和原子能发电。

一般发电厂的发电机发出的是对称的三相正弦交流电。在我国区域性和地方性发电厂发出的电压主要有 6.3kV 和 10.5kV，一般自备发电机发出的电压有 230V、400V，频率则均为 50Hz，此频率通常称为"工频"。电压、频率和波形的质量是衡量电能质量的三个基本参数。

电压质量是对电力系统的运行电压和供电电压值的规范要求，它是电能质量的一项重要的技术经济指标。当供电系统向用户供电时，首先应保持在额定电压下运行，因为电气设备是按在额定电压条件下运行设计制造的，因此额定电压是电力系统及电力设备规定的正常电压，即与电力系统及电力设备某些运行特性有关的标称电压。但是系统在实际运行中，存在很多不确定的因素如负荷的投切、线路损耗等，所以电压不能时刻与额定值完全相等。电力系统各点的实际运行电压允许在一定程度上偏离其额定电压，在这一允许偏离范围内，各种电力设备及电力系统本身仍然能正常运行。我国国家标准规定的交流 50Hz电力系统在正常运行条件下供电电压对额定电压偏差允许值见表 1.1.6。

表 1.1.6　　　　　　　　　　供电电压的运行偏移

线路的额定电压	允许电压偏移值	线路的额定电压	允许电压偏移值
35kV 及以上	±10%	220V	+7%、−10%
10kV 及以下	±7%		

电压偏差计算公式如下

$$电压偏差(\%)=\frac{电压实际测量值-系统标称电压}{系统标称电压}\times100\%$$

额定频率是指电力系统中的电气设备能保证长期正常运行的工作频率。当前世界上的通用频率有 50Hz 和 60Hz 两种。如果电力系统频率偏离额定值，不仅将会给电力用户造成损害，而且对发电厂和电力系统本身造成严重不良后果。我国国家标准规定的电力系统标准频率及其允许偏差值见表 1.1.7。

表 1.1.7　　　　　　　　　　电力系统频率的允许偏差

电网容量	允许频率偏差/Hz
3×10^{6} kW 及以上的电网	50±0.2
3×10^{6} kW 以下的电网	50±0.5

衡量电能质量的另一个指标是交流电的波形，标准的交流电波形应为正弦波。但由于电力系统存在大量的非线性负荷，使电压的波形发生畸变，除基波外，还有各次谐波分量，这些谐波分量不仅使系统的效率下降，也会对电气设备产生较大的干扰。因此，抑制谐波分量在允许的范围之内是保证电能质量的一项重要任务。

3．电力网

电力网是将各电压等级的输配电线路和各种类型的变电所连接而成的网络，即电力系统中的送电、变电和配电三个部分称为电力网。电力网是连接发电厂和电能用户的中间环节，电网的任务是输送和分配电能，即把发电厂发出的电能经过输配电线路传送并分配给用户。

(1) 变配电所。变电所起着接受电能、变换电能电压与分配电能的作用。进行接电、变电和配电的场所称为变电所；如果只用来接受电能和分配电能，则称配电所。

1) 变电所的型式。根据变电所在电力系统中的位置、性质、作用及控制方式可分为：升压变电所、降压变电所，有人值班变电所和无人值班变电所。根据主变压器和电气设备的安装位置，变电所的结构型式主要有：户内型、户外型、半户内型和箱式变电所。其中，升压变电所通常与大型发电厂结合在一起，将发电厂发出的电压升高，经由高压输电线路将电能送向远方。降压变电所设在用电中心，将高压电能降低后再向地区用户供电。根据供电范围不同，降压变电所可分为一次（枢纽）变电所和二次变电所。一次变电所是从 110kV 以上的输电网受电，将电压降到 35～110kV 后，供给一个大的区域。二次变电所多数从 35～110kV 输电网受电，将电压降到 6～10kV 后向较小范围供电。

2）变电所的电气设备。变电所的电气设备包括：主变压器，开关电器（断路器、隔离开关、负荷开关），保护电器（熔断器、继电器及避雷器等），测量电器（电流互感器、电压互感器、电流表、电压表等）以及无功补偿装置、母线和载流导体等。

（2）输配电线路。输配电线路的作用是输送和分配电能。由于各种类型的发电厂多建于自然资源丰富的地方，一般距电能用户较远，所以需要各种不同电压等级的电力线路，把发电厂、变配电所和电能用户连接起来，将发电厂生产的电能输送和分配到各电能用户。

输电线路是电力系统中实施远距离传输电能的环节。为了提高输电效率，减少输电线路上的损失，通常采用高压输电。目前我国电网的输电系统的电压等级一般分为高压（110kV、220kV）、超高压（330kV、500kV、750kV、±500kV－DC）和特高压（1000kV、±800kV－DC）三种。输电电压的高低，要视输电容量和输电距离而定，容量越大，距离越远，输电电压等级就越高，同时对输变电设备的绝缘水平和线路走廊的要求也越高。输电线路一般采用三相三线方式输电，通过架空线路将电能输送到远方的变电所。但在跨越江河、通过闹市区或不允许采用架空线路的区域，则采用电缆线路。

配电线路的作用是将来自高压电网的电能以不同的供电电压分配给各个电力用户。目前我国电网配电系统的电压等级一般以 0.38kV、10kV 和 35kV 为主。其中用于配电的交流电力系统中 1000V 以下的电压等级称为低压，1000V 及以上的电压等级称为高压。

4. 电力负荷

电力负荷是指用电设备或用电单位所消耗的功率（kW）、容量（kVA）或电流（A）。

（1）电力负荷按负荷发生的不同部位可以分为以下几类：

1）用电负荷。用电负荷是用户在某一时刻对电力系统所需求的功率。

2）线路损失负荷。线损负荷是指电力网在输送和分配电能的过程中线路和变压器功率损耗的总和。

3）供电负荷。用电负荷加上同一时刻的线路损失负荷，是发电厂对外供电时所承担的全部负荷，称为供电负荷。

（2）电力负荷按负荷发生时间的不同可分为以下几类：

1）高峰负荷。高峰负荷是指电网或用户在单位时间内所发生的最大负荷值。通常选择一天 24h 中用电量最高的 1 个小时的平均负荷作为高峰负荷。

2）低谷负荷。低谷负荷是指电网中或某用户在一天 24h 内，发生的用电量最少时的 1 个小时的平均电量。为了合理使用电能应尽量减少发生低谷负荷的时间，对于电力系统来说，峰、谷负荷差越小，用电越趋近于合理。

3）平均负荷。平均负荷是指电网中或某用户在某一段确定的时间阶段内平均小时用电量。

（3）按用电性质及重要性分类。根据用户的重要程度和对供电可靠性的要求的不同，用电负荷可以分为三个级别，且各级别的负荷应分别采用不同的方式供电。

1）一级负荷。在供电突然中断时将造成人身伤亡的危险，或会引起周围环境严重污染，或给国民经济带来极大损失，或将会造成社会秩序严重混乱，或产生政治上的严重影响等的用电负荷。一级负荷应要求有两个或两个以上的独立电源供电，当一个电源发生故障时，其他电源仍可保证重要负荷的连续供电。

2）二级负荷。是指突然中断供电会造成较大的经济损失，会造成社会秩序混乱或在政治上产生较大影响等的用电负荷。二级负荷要求至少是由双回路的电源供电。

3）三级负荷。不属于一级和二级负荷的电能用户均属于三级负荷。对这类负荷，突然中断供电所造成的损失不大或不会造成直接损失。三级负荷对供电没有特别要求，通常只用一路电源供电。

任务 1.2 认知变配电装置电测仪表配置

【一体化学习任务书】

工作负责人：＿＿＿＿＿＿＿

工作班组：＿＿＿＿＿＿班＿＿＿＿＿＿级＿＿＿＿＿＿组

1. 任务分析

电气测量仪表是指对电力装置回路的电力运行参数做经常测量、选择测量及记录用的测量仪表和作计费、技术经济分析考核管理用的计量仪表的总称。在供配电系统的变配电装置中必须装设一定数量的电气测量仪表，来监视一次设备的运行状态和计量一次系统的电能。

本任务通过参观变配电所，对变配电装置电测仪表有一个初步的感知认识。本任务要求完成如表1.2.1所示内容。

表 1.2.1　　　　　　　　　　变配电装置电测仪表知识

1. 变配电所中通常对常用测量仪表有哪些要求 ＿＿＿。
2. 变配电所中通常对电能测量仪表有哪些要求 ＿＿＿。
3. 一般 6～10kV 线路上装设哪些仪表 ＿＿＿。
4. 低压动力线路和照明线路上一般装设哪些仪表 ＿＿＿＿＿＿＿＿＿＿＿＿＿＿＿＿＿＿＿＿＿＿＿＿＿＿＿＿＿＿＿＿＿＿。
5. 并联电容器组的总回路上一般应装设哪些仪表 ＿＿。

2. 任务实施

本任务的实施见表1.2.2～表1.2.4。

表 1.2.2　　　　　　　　　　　　　　**电 工 作 业 工 作 票**

工作任务：认知变配电装置电测仪表配置		
工作时间：		工作地点：
任务目标	1. 了解变配电所电气测量仪表的一般要求 2. 了解变配电所电气测量仪表的配置要求	
任务设备	仪器、仪表、工具	准备情况
	1. 变电所或配电所 2. 变配电装置电测仪表	
预备知识和技能	相关知识技能	相关资源
	1. 变配电装置电气测量仪表的种类 2. 变配电装置电测仪表配置要求	1. 教材：电工与电气测量实训教程 2. 作业票：工作票、申请票、操作票 3. 其他媒体资源
工作票签发人签名：		

表 1.2.3　　　　　　　　　　　　　　**电 工 作 业 申 请 票**

工作人员要求		作业前准备工作	
身体健康、精神饱满	爱护设备，保持环境清洁	掌握预备知识和技能	提前填写作业票相关内容
认真负责，团结协作	持作业票作业	清楚作业程序	做好安全保护措施
严格执行工作程序、规范及安全操作规程		准备好后提出作业申请	
作业执行人签名：		作业许可人签名：	

表 1.2.4　　　　　　　　　　　　　　**电 工 作 业 操 作 票**

学习领域：电工与电气测量		项目 1：认知变配电装置电测仪表	
任务 1.2：认知变配电装置电测仪表配置			学时：2 学时
作业步骤		作业内容及标准	作业标准执行情况
开工准备	1. 进行"安全、规范、严格、有序"的实践纪律教育	明确实践纪律和要求	
	2. 布置实践任务及场所	明确实践任务及场所	
	3. 学习有关变配电装置电测仪表知识	自己查找资料或请教专业人员、老师学习变电所的基本知识，完成任务习题	
	4. 作业危险点	(1) 严格执行工作程序，听从现场工作人员指挥，不得随意走动； (2) 严禁触及带电设备； (3) 未经专业工作人员允许，不得接近设备，保持安全距离； (4) 禁止移动或越过遮栏	
参观变配电所	5. 接受现场安全教育	明确进入现场安全注意事项	
	6. 观察变电所的变配电装置	高低压配电装置种类、作用、结构	
	7. 观察变配电装置电测仪表配置	电测仪表种类	
完工	8. 整理实践记录，撰写实践总结	完成学习总结	
工作执行人签名：		工作监护人签名：	

3. 学习评价

对以上任务完成的过程进行评价见表 1.2.5。

表 1.2.5　　　　　　　　　　　　　　　　　学 习 评 价 表

自我评价	以上 8 个作业步骤，每错一个步骤扣 1 分，共计 10 分				得分：
小组评价	课前准备	安全文明操作	工作认真、专心、负责	团队沟通协作，共同完成工作任务	实训报告书写
	每项 2 分，共计 10 分				得分：
教师评价					

【知识认知】

电气测量仪表是保证变配电所电气设备安全经济运行的重要设备。电测量仪表按其用途分为常用测量仪表和电能计量仪表两类。前者是对一次电路的电力运行参数作经常测量、选择测量和记录用的仪表；后者是对一次电路进行供用电的技术经济考核分析和对电力用户用电量进行测量、计量的仪表，即各种电能表。

1. 对常用测量仪表的一般要求

（1）常测仪表应能正确地反映电力装置的运行参数，能随时监测电力装置回路的绝缘状况。

（2）交流回路仪表的精确度等级，除谐波测量仪表外，不应低于 2.5 级；直流回路仪表的精确度等级，不应低于 1.5 级。

（3）1.5 级和 2.5 级的常测仪表，应配用不低于 1.0 级的互感器。

（4）仪表的测量范围（量限）和电流互感器电流比的选择，宜满足电力装置回路以额定值运行时，仪表的指示在标度尺的 70%～100% 处。对有可能过负荷运行的电力装置回路，仪表的测量范围，宜留有适当的过负荷裕度。对重载启动的电动机及运行中有可能出现短时冲击电流的电力装置回路，宜采用具有过负荷标度尺的电流表。对有可能双向运行的电力装置回路，应采用具有双向标度尺的仪表。

2. 对电能计量仪表的一般要求

（1）月平均用电量在 $1×10^6$ kW·h 及以上或变压器容量为 2000kVA 及以上高压侧计费的电力用户电能计量点，应采用 0.5 级的有功电能表。月平均用电量小于 $1×10^6$ kW·h 而大于 $1×10^5$ kW·h 或变压器容量为 315kVA 及以上高压侧计费的电力用户电能计量点，应采用 1.0 级的有功电能表。在 315kVA 以下的变压器低压侧计费的电力用户电能计量点、75kW 及以上的电动机以及仅作为企业内部技术经济考核而不计费的线路和电力装置，均应采用 2.0 级有功电能表。

（2）在 315kVA 及以上的变压器高压侧计费的电力用户电能计量点和并联电力电容器组，均应采用 2.0 级的无功电能表。在 315kVA 以下的变压器低压侧计费的电力用户电能计量点及仅作为企业内部技术经济考核而不计费的电力用户电能计量点，均可采用 3.0 级的无功电能表。

（3）0.5 级的有功电能表，应配用 0.2 级的互感器。1.0 级的有功电能表，1.0 级的专用电能计量仪表，2.0 级计费用的有功电能表及 2.0 级的无功电能表，应配用不低于 0.5 级的互感器。仅作为企业内部技术经济考核而不计费的 2.0 级有功电能表及 3.0 级的无功电能表，宜配用不低于 1.0 级的互感器。

3. 变配电装置中各部分仪表的配置

（1）电力用户的电源进线上，或在经供电部门同意的电能计量点，必须装设计费的有功电能表和无功电能表，而且应采用全国统一标准的电能计量柜。为了解负荷电流，进线上还应装设一只电流表。

（2）变配电所的每段母线上，必须装设电压表测量电压。在中性点非直接接地的电力系统中，各段母线上还应装设绝缘监视装置。

（3）35～110kV/6～10kV 的电力变压器，应装设电流表、有功功率表、无功功率表、有功电能表、无功电能表各一只，装在哪一侧视具体情况而定。6～10kV/0.4kV 的电力变压器，在高压侧装设电流表和有功电能表各一只；如为单独经济核算单位的变压器，还应装设一只无功电能表。

（4）3～10kV 的配电线路，应装设电流表、有功和无功电能表各一只。如果不是送往单独经济核算单位时，可不装设无功电能表。当线路负荷在 5000kVA 及以上时，可再装设一只有功功率表。

（5）380V 的电源进线或变压器低压侧，各相应装一只电流表。如果变压器高压侧未装电能表时，低压侧还应装设一只有功电能表。

（6）低压动力线路上，应装设一只电流表。低压照明线路及三相负荷不平衡率大于15％的线路上，应装设三只电流表分别测量三相电流。如需计量电能，一般应装设一只三相四线有功电能表。对负荷平衡的三相动力线路，可只装设一只单相有功电能表，实际电能按其计量的 3 倍计。

（7）并联电容器组的总回路上，应装设三只电流表，分别测量三相电流，以了解其三相负荷是否平衡；如需计量电能，则应装设一只无功电能表。

4. 电气测量仪表接线

（1）6～10kV 高压电气测量仪表接线。图 1.2.1 为 6～10kV 线路上装设的电气测量仪表接线例图。

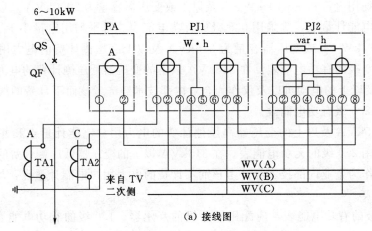

(a) 接线图

图 1.2.1（一） 6～10kV 高压线路电测量仪表电路图

TA—电流互感器；TV—电压互感器；PA—电流表；PJ1—三相有功电能表；

PJ2—三相无功电能表；WV—电压小母线

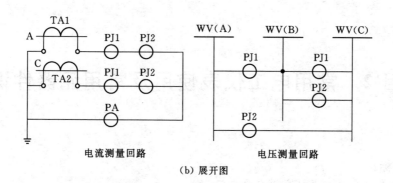

（b）展开图

图 1.2.1（二）　6～10kV 高压线路电测量仪表电路图

TA—电流互感器；PA—电流表；PJ1—三相有功电能表；

PJ2—三相无功电能表；WV—电压小母线

（2）220/380V 低压电气测量仪表接线。图 1.2.2 为 220/380V 线路上装设的电气测量仪表接线例图。

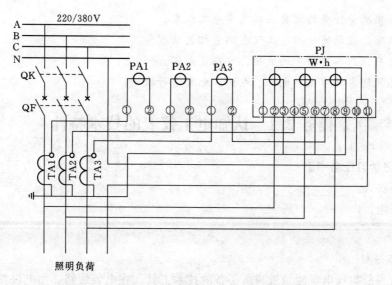

图 1.2.2　220/380V 照明线路电测量仪表电路图

TA—电流互感器；PA—电流表；PJ—三相四线有功电能表

项目 2　常用电工仪表使用及常用元器件识别

知识目标：

1. 掌握电工指示仪表的技术特性。

2. 了解电工仪表的基本结构和工作原理。

3. 了解电工仪表误差的表示方式及准确度等级。

4. 了解常用电工仪表的种类、功能、使用方法、技术数据。

5. 掌握电阻、电感、电容元件主要技术参数的意义。

能力目标：

1. 能根据测量任务的需要正确选用电工仪表。

2. 能熟练、规范的使用电工仪表测量相关物理量。

3. 能正确识别各种型号的电阻、电感、电容。

4. 能选用适当的方法对电阻、电感、电容进行检测。

任务 2.1　认知电工仪表的技术特性

【一体化学习任务书】

工作负责人：_____

工作班组：_____班_____级_____组

1. 任务分析

电工仪表是实现电气测量过程所必备的技术工具。在电气线路、用电设备的安装、使用与维修过程中，电工仪表对整个电气系统的检测、监视和控制起着极为重要的作用。电工仪表的规格品种繁多，掌握电工仪表的技术特性是完成电工实验的基础，是完成电气测量任务的基础。

电工仪表面板上的符号表示了该仪表的基本技术特性，从而为该仪表的选择和使用提供了重要依据。本任务要求完成表格 2.1.1 所示内容。

表 2.1.1　　　　　　　　　　电工仪表的表面标志符号

名　　称	符号	名　　称	符号
电流表		功率表	
毫安表		电能表	
电压表		兆欧表	
毫伏表		磁电式仪表	

续表

名　称	符号	名　称	符号
电磁式仪表		正端钮	
电动系仪表		负端钮	
磁电系比率表		公共端钮	
整流系仪表		以标度尺量程百分数表示的精确度等级	
使用的外界条件		以指示值的百分数表示的精确度等级	
交流		仪表垂直放置	
直流		仪表水平放置	
交直流		仪表倾斜放置	
三相交流		其他	

2. 任务实施

本任务的实施见表 2.1.2～表 2.1.4。

表 2.1.2　　　　　　　　　　　**电 工 作 业 工 作 票**

工作任务：认知电工指示仪表的技术特性			
工作时间：		工作地点：	
任务目标	能根据电工指示仪表的标志符号知道仪表的基本技术特性		
任务器材	仪器、仪表、工具		准备情况
	电流表、电压表、功率表、电能表、兆欧表、万用表		
预备知识和技能	相关知识技能		相关资源
	1. 电工指示仪表的分类 2. 电工仪表的误差及准确度 3. 电工指示仪表的标志 4. 电工指示仪表的型号		1. 教材：电工与电气测量实训教程 2. 作业票：工作票、申请票、操作票 3. 其他媒体资源
工作票签发人签名：			

表 2.1.3　　　　　　　　　　　**电 工 作 业 申 请 票**

工作人员要求		作业前准备工作	
身体健康、精神饱满	爱护设备，保持环境清洁	掌握预备知识和技能	提前填写作业票相关内容
认真负责，团结协作	持作业票作业	清楚作业程序	做好安全保护措施
严格执行工作程序、规范及安全操作规程		准备好后提出作业申请	
作业执行人签名：			作业许可人签名：

表 2.1.4　　　　　　　　　　　　电 工 作 业 操 作 票

学习领域：电工与电气测量		项目2：常用电工仪器仪表使用及常用元器件识别	
任务2.1：认知电工指示仪表的技术特性			学时：2学时
作业步骤		作业内容及标准	作业标准执行情况
开 工 准备	1. 编制器材明细表	能区分不同用途仪表，记录各仪表名称及数量	
认 知 仪表 的 基本 技术特性	2. 认识电工仪表表盘上符号的意义	观察各仪表表盘上的符号，说明各符号的含义，填入表2.1.1中	
完工	3. 清理现场	器材摆放有序，作业环境清洁	
工作执行人签名：			工作监护人签名：

3. 学习评价

对以上任务完成的过程进行评价见表2.1.5。

表 2.1.5　　　　　　　　　　　　学 习 评 价 表

自我评价	参与完成所有活动，自评为优秀；缺一项，为加油				结果：
小组评价	课前准备	安全文明操作	工作认真、专心、负责	团队沟通协作，共同完成工作任务	实训报告书写
	每项2分，共计10分				得分：
教师评价					

【知识认知】

1. 电工指示仪表的分类

电工指示仪表可以根据其原理、结构、测量对象、使用条件等进行分类，见表2.1.6。

表 2.1.6　　　　　　　　　　　　电 工 仪 表 分 类

电工指示仪表分类	
根据测量机构工作原理分类	磁电系、电磁系、电动系、感应系、静电系等
根据测量对象分类	电流表、电压表、功率表、电能表、欧姆表、相位表等
根据仪表工作电流的性质分类	直流仪表、交流仪表、交直流两用仪表
按仪表的使用方式分类	安装式仪表（或称板式仪表）、可携式仪表
按仪表的准确度等级分类	0.1、0.2、0.5、1.0、1.5、2.5、5.0
按仪表使用条件分类	A、A1、B、B1、C
按防御外界磁场或电场的性能分类	Ⅰ、Ⅱ、Ⅲ、Ⅳ

2. 电工指示仪表的标志

电工指示仪表的表盘上有许多表示其基本技术特性的标志符号。根据国家标准的规定，每一个仪表应该有表示测量对象的工作电流种类、单位、准确度等级、工作位置、绝缘强度、仪表型号以及额定值等标志符号。

电工指示仪表表面常见标志符号所表示的基本技术特性，见表 2.1.7。

表 2.1.7　　　　　　　　　　　电工仪表的标志符号及含义

(1) 测量单位			
项目	符号	项目	符号
安培	A	伏特	V
分贝	dB	伏安	VA
赫兹	Hz	乏	var
欧姆	Ω	瓦特	W
秒	s	功率因数	cosφ
特斯拉	T	摄氏温度	℃
(2) 电流种类			
项目	符号	项目	符号
直流和脉动直流	-----	直流和交流	≂
交流	∿	三相交流	3∼
(3) 使用位置			
项目	符号	项目	符号
标度盘垂直使用的仪表	⊥	标度盘水平使用的仪表	⌐
标度盘相对水平面倾斜（例 60°）使用的仪表	∠60°		
(4) 准确度等级			
项目	符号	项目	符号
等级指数（例如 1.5），以标尺量限的百分数表示	1.5	等级指数（例如 1.5），以指示值的百分数表示	①.5

（5）通用符号			
项目	符号	项目	符号
磁电系仪表		磁电系比率表	
电磁系仪表		电磁系比率表	
电动系仪表		电动系比率表	
铁磁电动系仪表		铁磁电动系比率表	
感应系仪表		感应系比率表	
静电系仪表		整流器	
电屏蔽		磁屏蔽	
接机壳或接底板		保护接地	
正端	+	负端	−
零位（量程）调节器		电阻范围的设定调整器	Ω

（6）绝缘强度			
项目	符号	项目	符号
不进行绝缘强度试验	0	绝缘强度试验电压（例如 2kV）	2

（7）按外界条件分组符号			
项目	符号	项目	符号
A 组仪表	A	B 组仪表	B
C 组仪表	C	Ⅰ级防外磁场（例如磁电系）	
Ⅰ级防外电场（例如静电系）		Ⅱ级防外磁场及电场	Ⅱ　Ⅱ
Ⅲ级防外磁场及电场	Ⅲ　Ⅲ	Ⅳ级防外磁场及电场	Ⅳ　Ⅳ

3. 电工仪表的型号

仪表的产品型号可以反映出仪表的用途和工作原理。产品型号是按规定的标准编制的。对安装式和可携式指示仪表的型号，规定了不同的编制规则。

（1）安装式仪表型号的组成。安装式仪表型号的编制规则如图 2.1.1 所示。

图 2.1.1 安装式仪表型号的编制规则

其中形状第一位代号按仪表面板形状最大尺寸编制；形状第二位代号按外壳形状尺寸特征编制；系列代号按测量机构的系列编制，如磁电系代号为"C"，电磁系代号为"T"，电动系代号为"D"，感应系代号为"G"，静电系代号为"Q"等。例如，42C3－A 型电流表，型号中"42"为形状代号，可以从有关标准中查出其外形和尺寸；"C"表示该表是磁电系仪表；"3"是设计序号；"A"表示该表用于测量电流。

（2）可携式仪表型号的组成。由于可携式仪表不存在安装的问题，所以将安装式仪表型号中的形状代号省略，只有它的产品型号。例如，T19－V 型电压表，"T"表示是电磁系仪表，"19"是设计序号，"V"表示是电压表。

（3）其他仪表型号。除了上面所说的指示仪表型号的一般编制形式外，还有一些其他类型的仪表，其型号编制往往在系列代号前加一个用汉语拼音字母来表示的类别代号。例如，电能表用 D，电桥用 Q，数字电表用 P 等。这些仪表的系列代号所代表的意义与可携式仪表不同，例如 DD862－4 型电能表：第一个"D"表示该表是电能表；第二个"D"表示该表用于单相交流电路；"862"是该表的设计序号。又如 MF－500 型万用表："M"表示该表是专用仪表；"F"表示该表是复用表，具有多种测量功能；"500"是设计序号。

4. 电工仪表的误差、准确度及灵敏度

（1）仪表的误差：在测量过程中，仪表指示值与实际值之间的差值，称为仪表的误差。

（2）误差的表示方法：

1）绝对误差。仪表指示值 A_x 和被测量的真值 A_0 之间的差值称为绝对误差，用符号 Δ 表示。即

$$\Delta = A_x - A_0$$

测量同一个被测量时，测量的绝对误差越小，测量就越准确。

2）相对误差。绝对误差 Δ 与被测量的真值 A_0 的比值称为相对误差，用符号 γ 表示。即

$$\gamma = \frac{\Delta}{A_0} \times 100\%$$

测量不同大小的被测量时，工程上通常采用相对误差来比较测量结果的准确程度。

3）引用误差。绝对误差 Δ 与仪表测量上限（即仪表满刻度值）A_m 的比值，称为引用误差或满度相对误差，记为 γ_n，即

$$\gamma_n = \frac{\Delta}{A_m} \times 100\%$$

国家标准规定，用最大引起误差来表示仪表的准确度。

（3）仪表的准确度。仪表的准确度就是仪表在规定工作条件下所允许的最大引用误差，即在整个刻度范围内出现的最大绝对误差 Δ_m 与仪表的上量限 A_m 的比值的百分数，用 $\pm K\%$ 表示。即

$$\gamma_m = \frac{\Delta_m}{A_m} \times 100\% = \pm K\%$$

K 表示仪表的准确度等级，K 值是根据国家标准规定的仪表在规定工作条件下所允许具有的最大误差。K 的数值越小，表示仪表的准确度等级越高。

各个准确度等级的电工仪表在正常工作条件下使用时，其基本误差不会超过规定的准确度值，如表 2.1.8 所示。

表 2.1.8　　　　　　　　　　各准确度等级仪表的基本误差

仪表准确度等级 K	0.1	0.2	0.5	1.0	1.5	2.5	5.0
基本误差/%	±0.1	±0.2	±0.5	±1.0	±1.5	±2.5	±5.0

注意，测量结果的准确度并不等于仪表的准确度，因为仪表准确度一定时，量程越大的仪表其最大绝对误差也越大，因此，实际测量时，为保证测量结果的准确性，不仅要考虑仪表的准确度，还要选择合适的仪表量程。通常测量时，应使被测量大于仪表量程的 2/3 以上。

（4）仪表的灵敏度。仪表可动部分偏转角的变化量 $\Delta\alpha$ 与被测量的变化量 ΔA 之比值叫仪表的灵敏度。用 S 表示，即

$$S = \frac{\Delta\alpha}{\Delta A}$$

灵敏度反映了仪表对被测量的反应能力，即反映了仪表所能测量的最小被测量。一般来说，灵敏度越高，测量精确度越高，误差越小，仪表质量越好。

5. 电工仪表的主要技术要求

（1）足够的准确度。

（2）合适的灵敏度。

（3）仪表本身消耗的功率小。

（4）良好的读数装置。

（5）抗干扰能力强。

（6）足够的绝缘强度和过载能力。

【拓展学习】

小组同学分工合作，通过各种媒体资源，查找有关电工仪表选用及应用的案例，完成下述任务。

1. 电工仪表准确度等级及量程的选用

完成如表 2.1.9 所示内容。

表 2.1.9　　　　　　　　电工仪表准确度等级的选用

问　　题	答　　案
标准表通常要求准确度等级	
实验室仪表通常要求准确度等级	
配电装置上仪表要求准确度等级	
发电机及其重要设备的交、直流仪表要求准确度等级	
一般电气设备和电力线路上的仪表要求准确度等级	
为了准确测试电气设备的工作情况，仪表量程选择的要求	

2. 电工仪表应用案例

完成如表 2.1.10 所示内容，可写文字稿，或制作 PPT。

表 2.1.10　　　　　　　　电 工 仪 表 应 用 案 例

问　　题	答　　案
案例描述	
仪表类型选择	
仪表准确度等级的选择	
仪表量程的选择	
仪表内阻的选择	
仪表工作条件的选择	
结论	

任务 2.2　直流电流表、直流电压表的使用

【一体化学习任务书】

工作负责人：_____

工作班组：_____班_____级_____组

1. 任务分析

在实际工作中经常需要通过仪表读取电路的电流和电压的数值，为了保证测量结果的准确、可靠，需要根据测量的具体要求选择合理的测量方法、测量线路和测量仪表。其中合理地选择测量仪表，包括仪表的类型、工作条件、准确度及测量量程等。对于直流电量的测量，广泛采用磁电系和整流系仪表。选定仪表后，还需要将仪表与电路正确连接，因

为实际仪表不满足理想条件，因此当其接入电路后，实际上会改变电路原有的结构和参数，从而产生误差。本任务学习磁电系直流电流表和直流电压表的正确使用。

本任务实训电路图如图 2.2.1 所示。

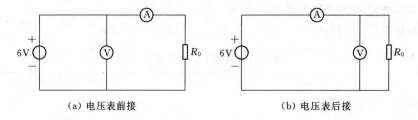

（a）电压表前接　　　　　　　　　　　（b）电压表后接

图 2.2.1　直流电压表、电流表的测量线路图

本任务测量内容及测量数据见表 2.2.1。

表 2.2.1　　　　　　　　　　　　比较两种线路测量的结果和误差

项目	标称阻值 R_0/Ω	测量值		计算值 R_x/Ω	绝对误差 ΔR	相对误差 γ
		U/V	I/A			
电压表前接	330					
电压表后接						
电压表前接	56000					
电压表后接						

2. 任务实施

本任务实施见表 2.2.2～表 2.2.4。

表 2.2.2　　　　　　　　　　　　　电 工 作 业 工 作 票

工作任务：直流电流表、直流电压表的使用			
工作时间：		工作地点：	
任务目标	1. 能正确选择合适的电工仪表 2. 能正确使用直流电流表和电压表测量直流电流和电压 3. 能分析计算测量误差		
任务器材	仪器、仪表、工具		准备情况
	1. 电源：直流稳压电源 2. 仪表：磁电系电压表 　　　　磁电系电流表 　　　　数字式万用表 3. 元器件：电阻		
预备知识和技能	相关知识技能		相关资源
	1. 磁电系电流表、电压表的结构及工作原理 2. 仪表内阻对测量的影响 3. 直流电流表、直流电压表的正确接线方法		1. 教材：电工与电气测量实训教程 2. 作业票：工作票、申请票、操作票 3. 其他媒体资源
工作票签发人签名：			

表 2.2.3　　　　　　　　　　**电 工 作 业 申 请 票**

工作人员要求		作业前准备工作	
身体健康、精神饱满	爱护设备，保持环境清洁	掌握预备知识和技能	提前填写作业票相关内容
认真负责，团结协作	持作业票作业	清楚作业程序	做好安全保护措施
严格执行工作程序、规范及安全操作规程		准备好后提出作业申请	
作业执行人签名：			作业许可人签名：

表 2.2.4　　　　　　　　　　**电 工 作 业 操 作 票**

学习领域：电工与电气测量			项目2：常用电工仪器仪表使用及常用元器件识别	
任务2.2：直流电流表、直流电压表的使用				学时：2学时
作业步骤		作业内容及标准		作业标准执行情况
开工准备	1. 编制器材明细表	能知道仪表铭牌符号及设备技术数据的意义		
	2. 调节直流稳压电源电压	(1) 调节直流电源电压为6V (2) 电压调节完毕，直流电源开关断开		
	3. 电路图	识读电路原理图	读懂并正确绘出	
	4. 作业危险点	(1) 稳压电源输出端切勿短路； (2) 电源极性不要接错； (3) 仪表极性不要接错		
直流电流电压测量	5. 线路装接	对 330Ω 和 5600Ω 电阻分别按电压表前接法和后接法接线	线路连接正确	
		通电：合上电源开关		
	6. 电压表测试电压	电压表测量电路电压	量程选择及读数正确	
		记录测试数据	记录完整准确	
	7. 电流表测试电流	电流表测量电路电流	量程选择及读数正确	
		记录测试数据	记录完整准确	
	8. 测试数据分析	分析处理测试数据	得出结论	
	9. 作业结束	断电拆线		
完工	10. 清理现场	器材摆放有序，作业环境清洁		
工作执行人签名：				工作监护人签名：

3. 学习评价

对以上任务完成的过程进行评价见表2.2.5。

表 2.2.5　　　　　　　　　　**学 习 评 价 表**

自我评价	以上10个作业步骤，每完成一个步骤加1分，共计10分				得分：
小组评价	课前准备	安全文明操作	工作认真、专心、负责	团队沟通协作，共同完成工作任务	实训报告书写
	每项2分，共计10分				得分：
教师评价					

【知识认知】

1. 电工指示仪表的组成

指示仪表的特点是将被测量转换为仪表可动部分的机械偏转角,然后通过指示器直接示出被测量的大小。因此,又称为机械式或直读式仪表。

指示仪表通常由测量线路和测量机构两部分组成,如图 2.2.2 所示。

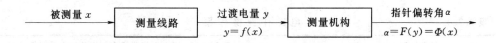

图 2.2.2　电工指示仪表的组成方框图

测量线路将被测量 x 转换为仪表测量机构能直接接受的过渡量 y,一般由电阻、电感、电容及有关电子元件构成,如分流器、附加电阻、整流元件等,从而构成不同规格的仪表。

测量机构(表头)是指示仪表的核心部件。测量机构将接受到的过渡量 y 转换为仪表可动部分的机械偏转角 α。在转换过程中,x 和 y 以及 y 和 α 之间保持确定的函数关系,从而根据偏转角 α 的大小,就可以确定被测量的数值。测量机构通常由固定部分、可动部分组成,这些固定和可动的装置,如果按它们在测量中所起的作用,可以分为:产生转动力矩的驱动装置,产生反作用力矩的控制装置和产生阻尼力矩的阻尼装置。根据产生转动力矩的原理和方式不同,就构成了不同系列的指示仪表,如磁电系、电磁系、电动系、感应系、静电系等。

2. 磁电系测量机构

磁电系测量机构的一般结构及电流流通途径如图 2.2.3 所示。

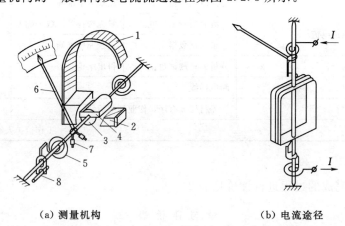

（a）测量机构　　　　　　　　（b）电流途径

图 2.2.3　磁电系仪表测量机构
1—永久磁铁；2—极掌；3—圆柱形铁芯；4—可动线圈；5—游丝；
6—指针；7—平衡锤；8—调零器

磁电系测量机构的结构、工作原理及特点见表 2.2.6。

表 2.2.6　　　　　　　　　　磁电系测量机构的结构、工作原理及特点

磁电系测量机构的组成	固定的磁路系统	马蹄形永久磁铁 极掌 NS 圆柱形铁芯
	可动部分	铝框 绕在铝框上的可动线圈 两个游丝（线圈两端分别与上下两个游丝相连） 指针
磁电系测量机构的工作原理	转动力矩的产生	永久磁铁：产生磁场
		可动动圈：电流 I 经游丝通过线圈时，载流线圈在磁场中受到电磁力矩 $M(M \propto I)$ 的作用而发生偏转
	反作用力矩的产生	游丝：游丝扭转而产生反作用力矩 M_c（$M_c \propto \alpha$）。 当 $M = M_c$ 时，可动部分就停留在某一平衡位置，指针就有一个稳定的偏转角 α（$\alpha = SI$，$S = \dfrac{\alpha}{I}$ 是磁电系测量机构的电流灵敏度）
	阻尼力矩产生	铝框：闭合铝框在磁场中偏转，切割磁力线而产生感应电流，进而与磁场相互作用产生阻尼力矩，阻尼力矩与铝框运动方向相反，使活动部分迅速在平衡位置稳定下来
磁电系测量机构的技术特性	准确度高	永久磁铁产生的磁场很强，受摩擦及外界环境温度变化及外磁场影响较小，因而准确度很高
	灵敏度高	仪表内部磁场很强，只需要很小的电流就可产生足够大的转动力矩，所以磁电系仪表灵敏度很高
	刻度均匀	指针的偏转角与被测电流的平均值成正比，因此仪表标度尺的刻度是均匀的，便于准确读数
	消耗功率小	由于通过测量机构的电流很小，故仪表本身消耗的功率很小，对被测电路的影响很小
	过载能力小	由于被测电流通过游丝导入及导出线圈，过大电流容易引起游丝弹性发生变化而引起不允许的误差；另外动圈的导线又很细，也不允许通过过大的电流。所以，磁电系测量机构的额定电流很小，只能用作检流计和微安表
	只能测量直流	由于永久磁铁的极性是固定不变的，线圈中通入直流电流，仪表的可动部分沿一个方向偏转。如果在线圈中通入交流电流，则产生的转动力矩也是交变的，可动部分由于惯性作用而来不及跟随转动力矩的迅速变化，指针偏转角将取决于一个周期的平均转矩。如果动圈中通以平均值为零的正弦交流电流，则指针不会偏转。所以磁电系仪表只能测量直流，要想测量交流要配用整流装置组成整流系仪表

3. 磁电系电流表和电压表

根据磁电系测量机构中指针偏转角 α 的大小与通入线圈的直流电流 I 成正比的关系，可以用磁电系测量机构制成直流电流表和直流电压表，见表 2.2.7。

表 2.2.7　　　　　　　　　　　　　磁电系电流表和电压表的结构

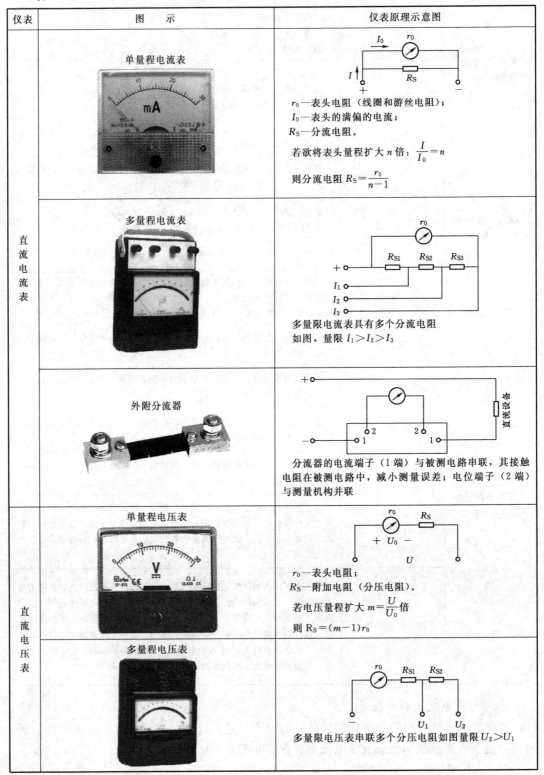

仪表	图　　示	仪表原理示意图
直流电流表	单量程电流表	r_0—表头电阻（线圈和游丝电阻）； I_0—表头的满偏的电流； R_S—分流电阻。 若欲将表头量程扩大 n 倍：$\dfrac{I}{I_0}=n$ 则分流电阻 $R_S=\dfrac{r_0}{n-1}$
	多量程电流表	多量限电流表具有多个分流电阻 如图，量限 $I_1>I_2>I_3$
	外附分流器	分流器的电流端子（1端）与被测电路串联，其接触电阻在被测电路中，减小测量误差；电位端子（2端）与测量机构并联
直流电压表	单量程电压表	r_0—表头电阻； R_S—附加电阻（分压电阻）。 若电压量程扩大 $m=\dfrac{U}{U_0}$ 倍 则 $R_S=(m-1)r_0$
	多量程电压表	多量限电压表串联多个分压电阻如图量限 $U_2>U_1$

直流电流表和直流电压表的接线方法见表 2.2.8。

表 2.2.8　　　　　　　　　　　　　直流电流表和电压表的接线方法

测量内容	接线图	说明
测量直流电流		直流电流表必须串联在被测电路中，测量直流电流时要注意电流表的极性和量程的选择
测量直流电压		电压表必须并联在被测电路中，测量直流电压时要注意电压表接线端的极性和量程的选择
同时监测电流和电压时	电压表前接	适用于测量阻值较大的负载。 因为电流表的电压远小于被测负载的电压降，故电压表的读数近似等于电阻电压降
	电压表后接	适用于测量阻值较小的负载。 因电压表电流远小于被测负载的电流，故电流表读数与负载电流近似相等。 为了减少测量误差，应采用内阻较大的电压表和内阻较小的电流表，并选用适当的测量电路

【拓展学习】

小组同学分工合作，通过各种媒体资源，查找有关直流电流表和直流电压表应用的案例，完成以下任务。

（1）直流电动机电枢电压、电枢电流的测量。

（2）直流电流表和直流电压表应用案例。

任务 2.3　交流电流表、交流电压表的使用

【一体化学习任务书】

工作负责人：_____

工作班组：_____ 班_____ 级_____ 组

1. **任务分析**

电磁系仪表结构简单、过载能力强，成本较低且便于制造，在电力系统的交流电流和交流电压的测量中，得到广泛的应用。本任务学习电磁系电流表、电压表的结构、原理、

技术特性及应用。

本任务实训电路图如图 2.3.1 所示。

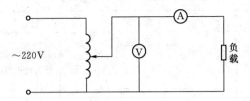

图 2.3.1　电磁系电流表、电压表测量线路图

本任务测试数据见表 2.3.1。

表 2.3.1 **交流电压、交流电流测试数据**

仪表准确度：电压表 K _____，电流表 K _____；仪表量程 U_m _____，I_m _____

负载	仪表读数值		误差 $\gamma = \dfrac{\pm K\% \times A_m}{A} \times 100\%$	
	U/V	I/A	γ_u	γ_i
白炽灯				
电容器				
电感器				

2. 任务实施

本任务实施见表 2.3.2～表 2.3.4。

表 2.3.2 **电 工 作 业 工 作 票**

工作任务：交流电流表、交流电压表的使用			
工作时间：		工作地点：	
任务目标	1. 能正确选择合适的电工仪表 2. 能正确使用交流电流表和电压表测量交流电流和电压 3. 能分析计算测量误差		
任务器材	仪器、仪表、工具		准备情况
	1. 电源：单相交流电源 2. 设备：自耦调压器 3. 仪表：电磁系电压表 　　　　　电磁系电流表 　　　　　数字式万用表 4. 元器件：白炽灯 　　　　　　电容器 　　　　　　电感器		
预备知识和技能	相关知识技能		相关资源
	1. 电磁系电流表、电压表的结构及工作原理 2. 仪表量程对测量的影响 3. 交流电流表、交流电压表的正确接线方法		1. 教材：电工与电气测量实训教程 2. 作业票：工作票、申请票、操作票 3. 其他媒体资源
工作票签发人签名：			

表 2.3.3　　　　　　　　　　**电 工 作 业 申 请 票**

工作人员要求		作业前准备工作	
身体健康、精神饱满	爱护设备，保持环境清洁	掌握预备知识和技能	提前填写作业票相关内容
认真负责，团结协作	持作业票作业	清楚作业程序	做好安全保护措施
严格执行工作程序、规范及安全操作规程		准备好后提出作业申请	
作业执行人签名：			作业许可人签名：

表 2.3.4　　　　　　　　　　**电 工 作 业 操 作 票**

学习领域：电工与电气测量			项目 2：常用电工仪器仪表使用及常用元器件识别	
任务 2.3：交流电流表、交流电压表的使用			学时：2 学时	
作业步骤		作业内容及标准		作业标准执行情况
开工准备	1. 编制器材明细表	能知道仪表铭牌符号及设备技术数据的意义		
	2. 调节自耦调压器电压	(1) 调节调压器电压低于元器件工作电压 (2) 电压调节完毕，电源开关断开		
	3. 电路图	识读电路原理图	读懂并正确绘出	
	4. 作业危险点	(1) 电源电压切勿超过元器件允许电压； (2) 正确选择仪表量程； (3) 电流表串联、电压表并联，切勿接错		
交流电流电压测量	5. 线路装接	对负载分别是电阻、电感、电容元件时接线	线路连接正确	
		通电：合上电源开关		
	6. 电压表测试电压	电压表测量电路电压	量程选择及读数正确	
		记录测试数据	记录完整准确	
	7. 电流表测试电流	电流表测量电路电流	量程选择及读数正确	
		记录测试数据	记录完整准确	
	8. 测试数据分析	分析处理测试数据	得出结论	
	9. 作业结束	断电拆线		
完工	10. 清理现场	器材摆放有序，作业环境清洁		
工作执行人签名：			工作监护人签名：	

3. 学习评价

对以上任务完成的过程进行评价见表 2.3.5。

表 2.3.5　　　　　　　　　　**学 习 评 价 表**

自我评价	以上 10 个作业步骤，每完成一个步骤加 1 分，共计 10 分				得分：
小组评价	课前准备	安全文明操作	工作认真、专心、负责	团队沟通协作，共同完成工作任务	实训报告书写
	每项 2 分，共计 10 分				得分：
教师评价					

【知识认知】

1. 电磁系测量机构

电磁系测量机构有吸引型和排斥型两种，结构示意图如图 2.3.2 和图 2.3.3 所示。

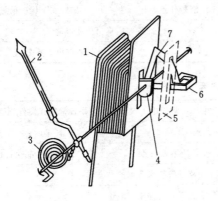

图 2.3.2 扁形线圈吸引型测量机构
1—固定线圈；2—指针；3—游丝；4—可动铁片；
5—磁屏；6—阻尼磁铁；7—阻尼片

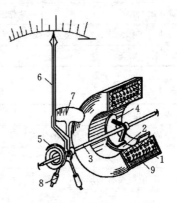

图 2.3.3 圆线圈排斥型测量机构
1—固定线圈；2—定铁片；3—转轴；4—动铁片；5—
游丝；6—指针；7—阻尼片；8—平衡锤；9—磁屏蔽

电磁系测量机构的反作用力矩装置和阻尼器装置的结构示意图如图 2.3.4 和图 2.3.5 所示。

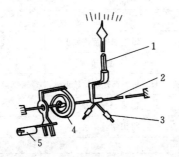

图 2.3.4 用游丝产生反作用力矩的装置
1—指针；2—轴；3—平衡锤
4—游丝；5—调零器

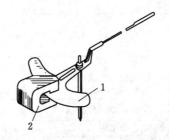

图 2.3.5 磁感应阻尼器结构
1—阻尼片；2—永久磁铁

电磁系测量机构的结构、工作原理及特点见表 2.3.6。

表 2.3.6　　　　　　　电磁系测量机构的结构、工作原理及特点

	固定部分	固定线圈 定铁片（排斥型）
电磁系测量机构的组成	可动部分	动铁片 阻尼片 游丝 指针

续表

电磁系测量机构的工作原理	转动力矩的产生	固定线圈：通电产生磁场
		（1）吸引型：通电线圈与被磁化的动铁片相互作用产生电磁吸力，产生转动力矩带动指针偏转。线圈中电流方向变，线圈与铁片之间的作用力始终是吸力，因此指针偏转方向与电流方向无关； （2）排斥型：动、定铁片磁化，同性磁极间相互排斥，从而产生转动力矩。线圈中电流方向改变，两铁片的极性同时改变，仍然产生排斥力，因此指针偏转方向与电流方向无关。 电磁系测量机构的转动力矩 $M = K_a I^2$，其中 K_a 是系数，I 可以是直流电流或交流电流的有效值
	反作用力矩的产生	游丝：游丝扭转而产生反作用力矩 $M_c (M_c \propto \alpha)$ 当 $M = M_c$ 时，可动部分就停留在某一平衡位置，指针就有一个稳定的偏转角 $\alpha (\alpha = K I^2$，所以标尺刻度不均匀)
	阻尼力矩产生	磁感应阻尼器：阻尼片转动，在永久磁铁的磁场中切割磁力线，产生感应涡流，与永久磁铁的磁场相互作用，产生阻尼力矩
电磁系测量机构的技术特性	结构简单，价格便宜	在电力系统中可得到广泛的应用，绝大多数安装式交流电流表和电压表都是电磁系仪表
	可测交流，也可测直流	线圈中电流方向改变，指针偏转方向不变，所以即测量直流，也可测量交流
	过载能力强	活动部分不通过电流，电流直接进入固定线圈，固定线圈较粗，可测量较大电流
	标度尺不均匀	指针的偏转角与通过线圈的直流电流或交流电流有效值的平方成正比，所以标尺上的刻度是不均匀的
	受外磁场影响大	磁场是线圈通电产生的，整个磁路除铁片外均是空气，磁阻很大，所以测量机构内部磁场比较弱，外磁场对测量精度影响较大，需采用防御外磁场影响的措施
	灵敏度较低	电磁系仪表是由固定线圈通过电流建立磁场的，若磁场太弱，则仪表的转动力矩也会很小，无法使得活动部分发生偏转，因此这种仪表用以建立磁场的线圈的安匝数须达到一定的要求，所以使得它的灵敏度较磁电系仪表的灵敏度要低得多。当用作电流表时，由于要保证一定的安匝数，线圈匝数不能太少，使得内阻相应较大，当用作电压表时，由于要保证线圈通过一定大小的电流，其相应的附加电阻不能太大，从而使得内阻又显得过小

2. 电磁系电流表和电压表

利用电磁系测量机构可以构成电流表和电压表，见表 2.3.7。

电磁系交流电流表和电压表的接线方法见表 2.3.8。

表 2. 3. 7　　　　　　　　　　　　　　**电磁系电流表和电压表的结构**

仪表	原　理	原理示意图	图　示
电磁系电流表	电磁系电流表可以直接用电磁系测量机构做成，只要将固定线圈与被测电路串联，就可以测量该电路电流。 　　多量程电磁系电流表通常是采用将固定线圈绕组分段的方法，然后利用两个或几个绕组的串、并联来改变电流的量限	(a)绕组串联，基本量程　(b)绕组并联，量程加倍 双量限电磁系电流表改变量限示意图	
电磁系电压表	电磁系测量机构只要与被测电路并联，就可以作为电压表测量电压。 　　电磁系电压表扩大量程一般也用串联附加电阻办法	双量限电磁系电压表工作原理示意图	

表 2. 3. 8　　　　　　　　　　　　　　**交流电流表和电压表的接线方法**

测量内容	接　线　图	说　明
小电流测量		电磁系电流表必须串联在被测电路中，测量交流电流时要注意电流表量程的选择
大电流测量	TA	测量大的交流电流时，必须借助电流互感器扩大量程 　TA—电流互感器
小电压测量		电磁系电压表必须并联在被测电路中，测量交流电压时要注意电压表量程的选择
大电压测量	TV	测量大的交流电压时，必须借助电压互感器扩大量程 　TV—电压互感器

【拓展学习】

小组同学分工合作，通过各种媒体资源，查找有关交流电流表和交流电压表应用的案例，完成以下任务。

（1）三相电路中，用一只电流表通过转换开关实现对三相电流的测量。

（2）三相电路中，用一只电压表通过转换开关实现对三相线电压的测量。

（3）电流的间接测量举例。

（4）电压的间接测量举例。

（5）数显电流表和数显电压表的特点及应用范围。

任务 2.4　测量用互感器的使用

【一体化学习任务书】

工作负责人：＿＿＿＿＿＿

工作班组：＿＿＿＿＿班＿＿＿＿＿级＿＿＿＿＿组

1. 任务分析

在电气工程测量中，有时会遇到超过所用仪表量程的高电压和大电流，如果用附加电阻和分流器来扩大仪表量程将使仪表功耗、尺寸、误差及造价增大，而且直接测量不仅对仪表绝缘性能的要求增高，对工作人员的危险性也增大。因此采用测量用互感器（电压互感器、电流互感器）来扩大仪表的量程。本任务学习互感器的分类、作用、基本原理及正确使用方法。

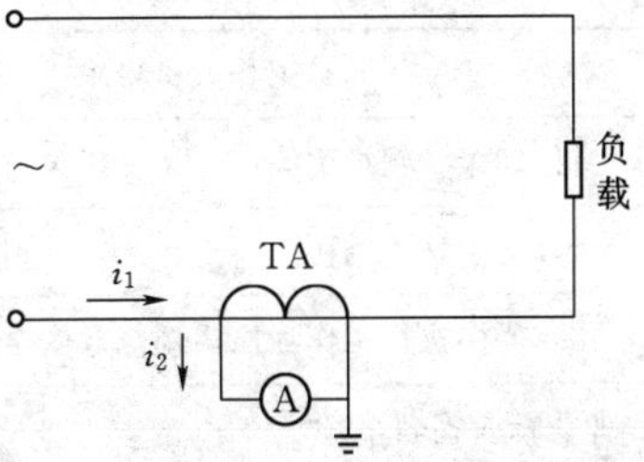

本任务实验线路图如图 2.4.1 所示。

本任务测试数据见表 2.4.1。

图 2.4.1　实验线路图

表 2.4.1　电流表经电流互感器接入电路测量电流数据

负载	电流互感器参数			电流表读数	计算被测电流
	额定电压 U_N	额定电流 I_{1N}	电流比 K_i	I_2/A	I_1/A
白炽灯					
电动机					

2. 任务实施

本任务实施见表 2.4.2～表 2.4.4。

35

表 2.4.2　　　　　　　　　　　　　　　　电 工 作 业 工 作 票

工作任务：测量用互感器的使用			
工作时间：		工作地点：	
任务目标	1. 能正确选择合适的仪用互感器 2. 能将电流互感器与电流表配合测量电路电流		
任务器材	仪器、仪表、工具		准备情况
	1. 电源：单相交流电源 2. 仪表：交流电压表 　　　　　交流电流表 3. 设备：电压互感器 　　　　　电流互感器 　　　　　白炽灯 　　　　　三相交流异步电动机		
预备知识 和技能	相关知识技能	相关资源	
	1. 交流电流表、交流电压表的正确接线方法 2. 互感器的分类、作用、技术数据 3. 互感器的正确使用	1. 教材：电工与电气测量实训教程 2. 作业票：工作票、申请票、操作票 3. 其他媒体资源	
工作票签发人签名：			

表 2.4.3　　　　　　　　　　　　　　　　电 工 作 业 申 请 票

工作人员要求		作业前准备工作	
身体健康、精神饱满	爱护设备，保持环境清洁	掌握预备知识和技能	提前填写作业票相关内容
认真负责，团结协作	持作业票作业	清楚作业程序	做好安全保护措施
严格执行工作程序、规范及安全操作规程		准备好后提出作业申请	
作业执行人签名：		作业许可人签名：	

表 2.4.4　　　　　　　　　　　　　　　　电 工 作 业 操 作 票

学习领域：电工与电气测量		项目 2：常用电工仪器仪表使用及常用元器件识别		
任务 2.4：测量用互感器的使用				学时：2 学时
作 业 步 骤		作业内容及标准		作业标准执行情况
开工 准备	1. 编制器材明细表	能知道仪器设备表技术数据的意义		
	2. 被测电路电压与电流	(1) 电压监测：电压表接线正确及读数准确 (2) 电流监测：电流表接线正确及读数准确		
	3. 电流互感器选用	(1) 额定电压选择：与被测线路电压适应 (2) 一次额定电流选择：大于被测电流		
	4. 作业危险点	电流互感器次级绕组 不允许开路	危险点分析正确，安全 措施得当	
	5. 电路图	正确绘出电路原理图		

续表

作　业　步　骤		作业内容及标准	作业标准执行情况
电流互感器与电流表配合测电流	6. 确定变流比	N_1 匝数	
		变流比 K_i：能根据所绕匝数正确查出变流比	
	7. 接线	正确，牢固，干净	
	8. 通电读数	I_2	
	9. 计算被测电路电流	$I_1 = K_i I_2$	
完工	10. 清理现场	器材摆放有序，作业环境清洁	

工作执行人签名：　　　　　　　　　　　　　　　　　　　工作监护人签名：

3. 学习评价

对以上任务完成的过程进行评价见表 2.4.5。

表 2.4.5　　　　　　　　　　　　　学 习 评 价 表

自我评价	以上 10 个作业步骤，每完成一个步骤加 1 分，共计 10 分				得分：
小组评价	课前准备	安全文明操作	工作认真、专心、负责	团队沟通协作，共同完成工作任务	实训报告书写
	每项 2 分，共计 10 分				得分：
教师评价					

【知识认知】

1. 互感器作用

在电气工程测量中，经常需要将高压电路的电压和电流先变成低电压和小电流之后，再用于电压、电流、功率、电能等的测量或作为电力保护继电器的输入电压和输入电流。

变换高压用电压互感器（简称 PT 或 VT，文字符号 TV），变换高压大电流用电流互感器（简称 CT，文字符号 TA）。从基本结构和原理来说，互感器就是一种特殊变压器，其一次绕组接至被测电路，二次绕组接至测量仪表。互感器的作用如下。

（1）扩大交流电工仪表量程：采用测量用互感器降压、降流后，用量程小的仪表去测量较大的交流量值，从而扩大了仪表的量程。

（2）降低功率损耗：采用测量用互感器比采用分流器和附加电阻扩大量程时的功率损耗小得多。

（3）保障安全，降低成本：使用互感器后，使测量仪表和被测电路的高电压绝缘，以保证仪表和工作人员的安全，又可以降低对仪表绝缘水平的要求，从而降低成本。

（4）仪表制造标准化：采用互感器后，在工程测量中，仪表（特别是安装式仪表）的量程可以只设计为 100V 和 5A，就可以通过互感器完成各种量程的测量，而不需要按被测电压和电流的大小进行设计，从而有利于仪表生产的标准化。

（5）一个互感器可以同时接入几种仪表，从而在测量工作中可以降低设备费用和节省安装仪表的空间位置。

2. 互感器的原理及使用注意事项

互感器的原理及使用注意事项见表 2.4.6。

表 2.4.6　　　　　　　　　　　　　　仪用互感器的原理及使用注意

分类	原理	图示	使用注意事项
电压互感器	（1）一次绕组并联在主回路中，二次绕组并联二次回路中的仪表、继电器等的电压线圈； （2）一次绕组匝数较多、导线较细，二次绕组的匝数较少、导线较粗。相当于降压变压器。二次侧额定电压一般为 100V； （3）电压互感器的额定变压比用 K_u 表示： $$K_u = \frac{U_{1N}}{U_{2N}}$$ 根据接在二次侧的仪表指示值，即可折算出一次电压： $$U_1 = K_u U_2$$	电压互感器原理示意图 1—铁芯；2—一次绕组；3—二次绕组 电压互感器图形符号 JDZJ-10 型电压互感器 1——次接线端子；2—二次接线端子	（1）电压互感器在工作时，其一次、二次侧不得短路，以防止短路电流烧毁设备。因此，电压互感器一次、二次侧都必须装设熔断器进行短路保护； （2）电压互感器二次侧有一端必须接地。以防止一、二次绕组间的绝缘击穿时，一次侧的高压窜入二次侧，危及设备及人身安全。通常将公共端接地； （3）电压互感器在接线时，需要注意其端子的极性； （4）与电压互感器配套使用的电压表量程一般为 100V，仪表标尺按互感器的一次电压刻度，因此可以直接读数
电流互感器	（1）一次绕组串联在被测的一次电路中，而二次绕组则与仪表、继电器等的电流线圈串联； （2）一次绕组匝数很少，导体粗，有的电流互感器（例如母线式）没有一次绕组，而是利用穿过其铁芯的一次电路（如母线）作为一次绕组（相当于匝数为1）；二次绕组匝数多，导体细。二次绕组的额定电流一般为 5A； （3）电流互感器的额定变流比用 K_i 表示： $$K_i = \frac{I_{1N}}{I_{2N}}$$ 根据接在二次侧的仪表指示值，即可折算出一次电流： $$I_1 = K_i I_2$$	电流互感器原理示意图 1—铁芯；2—一次绕组；3—二次绕组 （a）户内低压 LMZJ₁-0.5 型电流互感器　　（b）户内高压 LQJ-10 型电流互感器 电流互感器实物图 1——次母线穿孔；2—二次接线端子；3——次接线端子	（1）电流互感器在运行时其二次侧不得开路，以防止二次侧开路时会感应出危险的高压，危及人身和设备的安全； （2）电流互感器的二次侧有一端必须接地； （3）电流互感器在连接时，要注意其端子的极性； （4）实验室中使用的穿心式电流互感器只有铁芯和二次绕组，测量时将被测电路导线穿过铁芯即为一次绕组。若电流表的读数偏小，可以将被测导线多绕几圈，此时需重新折算互感器的变流比； （5）与电流互感器配套使用的电流表量程一般为 5A，仪表标尺按互感器的一次电流刻度，因此可以直接读数

【拓展学习】

小组同学分工合作，通过各种媒体资源，查找有关互感器知识，完成以下任务。

（1）电压互感器及电流互感器的型号与技术指标。

（2）分析图 2.4.2 所示电路图中电压互感器的应用。

（3）分析图 2.4.3 所示电路图中电流互感器的应用。

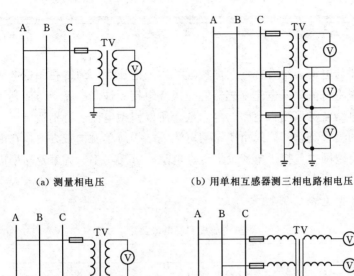

（a）测量相电压　　　　　　　（b）用单相互感器测三相电路相电压

（c）用单相互感器测三相线电压　　　　（d）用三相互感器测三相线电压

图 2.4.2　电压互感器在供电系统中的连接

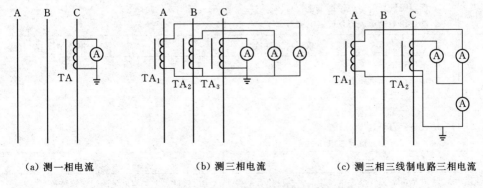

（a）测一相电流　　　　　（b）测三相电流　　　　　（c）测三相三线制电路三相电流

图 2.4.3　电流互感器在供电系统中的连接

任务 2.5　钳型电流表的使用

【一体化学习任务书】

工作负责人：＿＿＿＿＿＿

工作班组：＿＿＿＿＿＿班＿＿＿＿＿＿级＿＿＿＿＿＿组

1. 任务分析

将电流互感器与电流表组合在一起即构成了钳型电流表。通常在测量电流时需要将被测电路断开，才能将电流表或电流互感器的一次绕组接到被测电路中。而利用钳型电流表则无需断开被测电路就可以测得电路的电参数。所以钳型电流表特别适合于不便于断开线路或不允许停电的测量场合。同时由于钳型电流表结构简单、携带方便，在电气检修中使用非常方便，测量范围也包括了电流、电压、电阻、有功功率、频率及功率因数等常规电气参数。本任务学习钳型电流表的使用方法。

本任务测试数据见表 2.5.1。

表 2.5.1　　　　　　　　　　钳型电流表测量电流数据

负载	三相交流电动机			白炽灯
测量数据	I_A/A	I_B/A	I_C/A	I/A

2. 任务实施

本任务实施见表 2.5.2～表 2.5.4。

表 2.5.2　　　　　　　　　　电工作业工作票

工作任务：钳型电流表的使用			
工作时间：		工作地点：	
任务目标	1. 能正确选择合适的钳型电流表 2. 能用钳型电流表测量电路电流		
任务器材	仪器、仪表、工具		准备情况
	1. 电源：单相交流电源 2. 仪表：交流电压表 　　　　交流电流表 　　　　钳型电流表 3. 设备：白炽灯 　　　　三相交流异步电动机		
预备知识和技能	相关知识技能		相关资源
	1. 交流电流表、交流电压表的正确接线方法 2. 钳型电流表的基本结构与原理 3. 钳型电流表的正确使用及注意事项		1. 教材：电工与电气测量实训教程 2. 作业票：工作票、申请票、操作票 3. 其他媒体资源
工作票签发人签名：			

表 2.5.3　　　　　　　　　　　**电 工 作 业 申 请 票**

工作人员要求		作业前准备工作	
身体健康、精神饱满	爱护设备，保持环境清洁	掌握预备知识和技能	提前填写作业票相关内容
认真负责，团结协作	持作业票作业	清楚作业程序	做好安全保护措施
严格执行工作程序、规范及安全操作规程		准备好后提出作业申请	
作业执行人签名：			作业许可人签名：

表 2.5.4　　　　　　　　　　　**电 工 作 业 操 作 票**

学习领域：电工与电气测量		项目 2：常用电工仪器仪表使用及常用元器件识别	
任务 2.5：钳型电流表的使用			学时：2 学时
作业步骤		作业内容及标准	作业标准执行情况
开工准备	1. 编制器材明细表	能知道仪器设备技术数据的意义	
	2. 被测电路电压与电流	(1) 电压监测：电压表接线正确及读数准确； (2) 电流监测：电流表接线正确及读数准确	
	3. 钳型电流表的选用	严格按电压等级选用钳型电流表	
	4. 钳型电流表的检查	(1) 检查绝缘性能：护套绝缘良好，手柄清洁干燥； (2) 检查钳口开合情况：开合自如，钳口结合紧密； (3) 检查钳口有无污物：如有污物或锈斑，用溶剂擦净并擦干	
	5. 作业危险点	(1) 测量人员与带电体保持安全距离； (2) 测试时带绝缘手套； (3) 钳型电流表不能测量裸导体电流； (4) 严禁测试时切换钳型电流表的量程	
钳型电流表测电流	6. 选择测量量程	选择量程大于被测电路电流。对机械式表应使指针指示在标尺刻度的 2/3 以上，以减小测量误差	
	7. 测量	减小测量误差： (1) 按紧手柄，钳口张开，将被测导线放入钳口内中心位置，松开手柄并使钳口闭合紧密； (2) 当被测电流较小时，可将被测导线在钳口铁芯上多缠绕几圈后测量，实测电流值应为电流表读数除以穿入钳口内导线圈数	
	8. 读数	能正确测试出被测电路电流	
	9. 测试完毕	读数后，将钳口张开，将被测导线退出，将钳型电流表量程开关置于最高量程或 OFF 挡	
完工	10. 清理现场	器材摆放有序，作业环境清洁	
工作执行人签名：			工作监护人签名：

3. 学习评价

对以上任务完成的过程进行评价见表 2.5.5。

表 2.5.5 　　　　　　　　　　　学 习 评 价 表

自我评价	以上 10 个作业步骤，每完成一个步骤加 1 分，共计 10 分				得分：
小组评价	课前准备	安全文明操作	工作认真、专心、负责	团队沟通协作，共同完成工作任务	实训报告书写
	每项 2 分，共计 10 分				得分：
教师评价					

【知识认知】

1. 钳型电流表分类及结构原理

钳型电流表根据结构和原理不同分为互感器式、电磁式和多用型；根据测量结果显示形式不同分为数字式和指针式；按测量电压分有低压钳型表、高压钳型表；按功能分有普通交流钳型表、交直流两用钳型表、漏电流钳型表及多功能钳型表等。图 2.5.1 所示为几种不同用途的钳型电流表示意图。

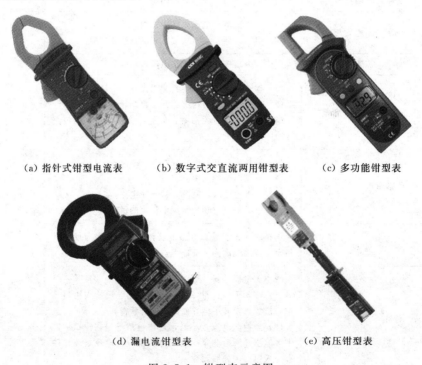

(a) 指针式钳型电流表　　　(b) 数字式交直流两用钳型表　　　(c) 多功能钳型表

(d) 漏电流钳型表　　　　　(e) 高压钳型表

图 2.5.1　钳型表示意图

指针式钳型电流表主要由电流互感器和电流表组成。电流互感器的铁芯呈钳口形，在捏紧扳手时铁芯可以张开，使被测导线不必切断就可以穿过铁芯。铁芯闭合后，被测导线相当于电流互感器的一次绕组，二次绕组绕在铁芯上并与电流表相连。测量时，按动扳手，钳口打开，将被测导线置于钳口中间，当被测导线中有交变电流流过时，二次绕组中感应出电流，使电流表指示出被测电流值，如图 2.5.2 所示。

电磁式钳型电流表由电磁系测量机构组成，主要由可动铁片、铁芯等组成。测量电流时，按动手柄，打开钳口，将被测导线置于电流表的钳口中央。当被测导线中有电流通过时，在铁芯内部产生磁场。位于铁芯缺口中间的可动铁片受此磁场作用而偏转，从而测出被测电流值，如图 2.5.3 所示。

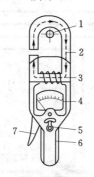

图 2.5.2 互感器式钳型电流表结构示意图
1—被测导线；2—铁芯；3—二次绕组；
4—表头；5—量程调节开关；6—手柄；
7—铁芯开关

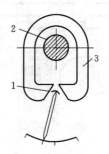

图 2.5.3 电磁式钳型电流
表结构示意图
1—可动铁片；2—被测电流导线；
3—铁芯

多用型钳型电流表由钳型电流互感器与万用表组合而成。当两部分组合起来时，就是一块钳型电流表。将钳型电流表拔出，便可作为万用表使用。

数字式钳型电流表主要包括两部分：输入与变换部分，作用是采集信号；A/D 转换电路与显示部分，作用是输出测量值。

2. 钳型电流表使用注意事项

（1）互感器式钳型电流只能用于交流电流的测量，电磁式钳型电流表既可以用于交流电流的测量，也可以用于直流电流的测量。

（2）被测电路电压不得超过钳型电流表所规定的额定电压。

（3）选择合适电流量程。若无法估计被测电流大小，量程挡应由大到小逐级选择，直到合适。通过转换开关转换量程时，不允许带电操作。

（4）切勿在测量过程中切换量程开关，以免二次侧瞬间开路，感应高压，击穿绝缘，危及人身及设备安全。

（5）为了提高测量准确度，被测导线应置于钳口中央，钳口必须闭紧。钳口的结合面如有杂声，应重新开合一次；仍有杂声，应处理结合面，以使读数准确。

（6）测量 5A 以下较小电流时，为使读数较准确，在条件许可时，可将被测导线在铁芯上多绕几圈再测量。实际电流值等于仪表的读数除以放进钳口的导线圈数。

（7）为了避免发生意外触电事故，绝不允许用钳型电流表测量裸导线中的电流。

（8）对于多用性钳型电流表，各项功能不得同时使用。例如，在测量电流时，不能同时测量电压。

（9）对于数字式钳型电流表，使用前需要检查表内电池的电量是否充足，不足时必须更换新电池。

【拓展学习】

小组同学分工合作，通过各种媒体资源，查找有关互感器知识，完成以下任务。

（1）分析图 2.5.4 所示电路图中钳型表的应用。

（2）查找各种形式钳型电流表的其他应用案例。

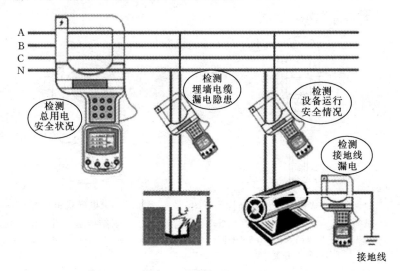

图 2.5.4　钳型表的应用

任务 2.6　功率表的使用

【一体化学习任务书】

工作负责人：＿＿＿＿＿＿＿＿＿

工作班组：＿＿＿＿＿＿班＿＿＿＿＿级＿＿＿＿＿组

1.**任务分析**

电动系仪表的用途广泛，它可以制成交直流两用的准确度较高的电流表、电压表，还可以制成功率表、相位表和频率表。

用功率表测量功率的时候，在直流电路中，应能反映被测电路的电压和电流的乘积（$P=UI$）；在交流电路中，除了反映被测电路的电压和电流的乘积外，还应反映电压和电流相位差的余弦，即电路的功率因数（$P=UI\cos\varphi$）。电动系测量机构的两个线圈能满足上述要求。用电动系测量机构制成的功率表是交直流电路中测量功率的基本仪表。

本任务实训电路图如图 2.6.1 所示。

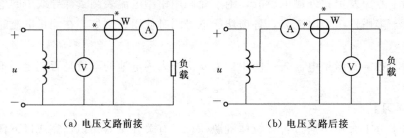

（a）电压支路前接　　　　　（b）电压支路后接

图 2.6.1　功率测量线路图

本任务测试数据见表 2.6.1。

表 2.6.1 功 率 测 试 数 据

负载情况	U/V	I/A	P/W
小阻值电阻			
大阻值电阻			
电容性负载			
电感性负载			

2. 任务实施

本任务实施见表 2.6.2～表 2.6.4。

表 2.6.2 电 工 作 业 工 作 票

工作任务：功率表的使用			
工作时间：		工作地点：	
任务目标	1. 能正确选择功率表的量程 2. 能正确接线和使用功率表 3. 能正确读数		
任务器材	仪器、仪表、工具		准备情况
任务器材	1. 电源：单相交流电源 2. 设备：自耦调压器 3. 仪表：交流电压表 　　　　交流电流表 　　　　电动系功率表 4. 元器件：小阻值电阻 　　　　　大阻值电阻 　　　　　电容性负载 　　　　　电感性负载		
预备知识和技能	相关知识技能		相关资源
预备知识和技能	1. 电动系功率表的结构及工作原理 2. 功率表量程的选择 3. 功率表的接线原则 4. 功率表的读数		1. 教材：电工与电气测量实训教程 2. 作业票：工作票、申请票、操作票 3. 其他媒体资源
工作票签发人签名：			

表 2.6.3 电 工 作 业 申 请 票

工作人员要求		作业前准备工作	
身体健康、精神饱满	爱护设备，保持环境清洁	掌握预备知识和技能	提前填写作业票相关内容
认真负责，团结协作	持作业票作业	清楚作业程序	做好安全保护措施
严格执行工作程序、规范及安全操作规程		准备好后提出作业申请	
作业执行人签名：			作业许可人签名：

表 2.6.4　　　　　　　　　　电 工 作 业 操 作 票

学习领域：电工与电气测量		项目 2：常用电工仪器仪表使用及常用元器件识别	
任务 2.6：功率表的使用			学时：2 学时
作业步骤		作业内容及标准	作业标准执行情况
开工准备	1. 编制器材明细表	能知道仪表铭牌符号及设备技术数据的意义	
	2. 调节自耦调压器电压	（1）调节调压器电压低于元器件工作电压； （2）电压调节完毕，电源开关断开	
	3. 电路图	识读电路原理图　　读懂并正确绘出	
	4. 作业危险点	（1）电源电压切勿超过元器件允许电压； （2）正确选择仪表量程； （3）电流表串联、电压表并联、功率表遵守发电机端原则，切勿接错	
功率测量	5. 线路装接	对负载分别是小阻值电阻、大阻值电阻、电容性负载、电感性负载时接线　　线路连接正确	
		通电：合上电源开关	
	6. 电压表、电流表监测电路电压和电流	电压表监测电路电压　　量程及读数正确 电流表监测电路电流	
	7. 功率表测试电路功率	对大阻值电阻采用电压支路前接　　正确选择功率表量程 对小阻值电阻采用电压支路后接　　正确读数	
	8. 测试数据分析	分析处理测试数据　　得出结论	
	9. 作业结束	断电拆线	
完工	10. 清理现场	器材摆放有序，作业环境清洁	
工作执行人签名：			工作监护人签名：

3. 学习评价

对以上任务完成的过程进行评价见表 2.6.5。

表 2.6.5　　　　　　　　　　学 习 评 价 表

自我评价	以上 10 个作业步骤，每完成一个步骤加 1 分，共计 10 分				得分：
小组评价	课前准备	安全文明操作	工作认真、专心、负责	团队沟通协作，共同完成工作任务	实训报告书写
	每项 2 分，共计 10 分				得分：
教师评价					

【知识认知】

1. 电动系测量机构

电动系测量机构的结构示意图如图 2.6.2 所示。

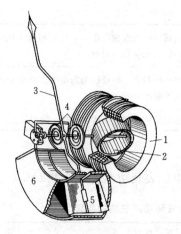
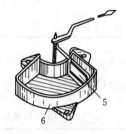

（a）电动系测量机构 　　　　（b）空气阻尼器

图 2.6.2　电动系测量机构的结构示意图
1—固定线圈；2—可动线圈；3—指针；4—游丝；
5—空气阻尼器叶片；6—空气阻尼器外盒

电动系测量机构的结构、工作原理及特点见表 2.6.6。

表 2.6.6　　　　　　　　　　电动系测量机构的结构、工作原理及特点

电动系测量机构的组成	固定部分	一对平行排列的固定线圈
	可动部分	可动线圈 游丝 阻尼片 指针
电动系测量机构的工作原理	转动力矩的产生	固定线圈：电流 i_1 通入固定线圈产生磁场
		可动线圈：电流 i_2 通入可动线圈，与固定线圈相互作用产生转动力矩 M，带动指针偏转。 用于直流测量时 $M=kI_1I_2$，用于交流测量时 $M=kI_1I_2\cos\varphi$
	反作用力矩的产生	游丝：游丝扭转而产生反作用力矩 M_c（$M_c\propto\alpha$） 当 $M=M_c$ 时，可动部分就停留在某一平衡位置，指针就有一个稳定的偏转角 α（直流测量时 $\alpha=KI_1I_2$；交流测量时 $\alpha=KI_1I_2\cos\varphi$）
	阻尼力矩产生	空气阻尼器：当指针在平衡位置附近来回摆动时，阻尼翼片也在阻尼盒内摆动，压缩空气（或者说阻尼片两侧空气的压力差）形成阻尼力矩，使摆动部分尽快地停下来
电动系测量机构的技术特性	准确度高	电动系测量机构不含铁磁性物质，基本上不存在涡流和磁滞的影响，所以其准确度很高，准确度可以达到 0.1~0.5 级
	测量范围广	可交直流两用。有两个线圈，可以分别通入两个不同电流，因此，可构成多种线路测量多种电量，如电流、电压、功率、功率因数、频率、相位差等
	过载能力差	电流由游丝导入可动线圈，动圈和游丝通常很细，过载能力差

电动系测量机构的技术特性	标度尺刻度因表而异	用电动系测量机构制成的电流表和电压表，标尺刻度不均匀。而用电动系测量机构制成的功率表，标尺刻度是均匀的
	受外磁场影响大	由于磁路不闭合，空气磁阻大，测量机构内部的工作磁场较弱。但可采用磁屏蔽和无定位结构克服外磁场影响
	消耗功率大	因为工作磁场要由电流足够大的固定线圈产生，故消耗的功率比较大

2. 电动系仪表

利用电动系测量机构可以制成电流表、电压表及功率表，见表 2.6.7。

表 2.6.7　　　　　　　　　　电动系电流表、电压表和功率表结构原理

仪表	原　理	原理示意图	说　明
电动系电流表	单量程电流表 （1）低量程电流表：定圈与动圈串联就可以作为低量程电流表 $\alpha = KI^2$ （2）大量程电流表：定圈与动圈并联后接入被测电路 $\alpha = k'I^2$	*I*　*1*　*2* （a）线圈串联 *I₁ 1 R₁* *I I₂ 2* （b）线圈并联 电动系电流表原理图 1—固定线圈；2—可动线圈	电动系电流表不论是低量程还是高量程，不论是测交流还是测直流，指针偏转角都与电流 I（若是交流则为有效值）的平方成正比，因而标度尺的刻度是不均匀的，具有平方律的特性，即前密后疏
	双量程可携式电流表 通过改变线圈的连接方式和可动线圈的分流电阻可以改变其量程	*I 2I * *R₁ R₂ 3 2 Q'* *4 Q″* *R₃ Q* D26—A 双量程电流表原理电路图 Q—可动线圈；Q′、Q″—固定线圈	如 D26-A 型双量程电流表的原理电路图所示。当量程为 I 时，用连接片将端钮 1 和 2 短接；当量程为 $2I$ 时，用连接片短接端钮 2 和 3 及 1 和 4
电动系电压表	电动系测量机构的定圈、动圈与附加电阻串联起来就构成了电压表。改变附加电阻就可以扩大量程 $\alpha = KU^2$	*1 2 R_{fj}* 电动系电压表原理图 1—固定线圈；2—可动线圈 R_{fj}—附加电阻	电动系电压表指针偏转角与电压 U（若是交流则为有效值）的平方成正比，因而标度尺的刻度是不均匀的，具有平方律的特性，即前密后疏

续表

仪表	原 理	原理示意图	说 明
电动系功率表	单量限功率表 　定圈（电流线圈）与负载串联，反映负载电流；动圈（电压线圈）与附加电阻 R_{fj} 串联后与负载并联，反映负载电压 $$\alpha = K_p P$$	**电动系功率表原理图**	电动系功率表可以用来测量直流功率，也可以测量交流功率。其标尺直接以功率值刻度，刻度是均匀的
	多量限功率表 　功率表的功率量程由电流和电压量程所决定。 　电流量程的改变：用连接片将两个固定线圈接成串联或并联的形式，若串联时的电流量限为 I_m，则并联时的电流量限为 $2I_m$。 　电压量程的改变：电压线圈串联不同的附加电阻可实现电压量程的改变	(a) 电流量程改变 (b) 电压量程改变 **多量限功率表**	多量限功率表读数：指针偏转格数 α 再乘上每一格所代表的瓦特数（称之为分格常数）C，就得出被测功率的数值，即 $$P = C\alpha$$ $$C = \frac{U_N I_N}{\alpha_N}$$ 式中　P——被测功率，W； 　　　C——分格常数，W/格； 　　　α——指针偏转格数； 　　　U_N——电压额定值； 　　　I_N——电流额定值； 　　　α_N——标尺满刻度格数

3. 功率表的选择与使用

（1）功率表量程的选择。选择功率表电流量程大于被测电路的电流，电压量程大于被测电路的电压，因此测量功率时通常要用电压表和电流表进行监视。在交流电路中，测量高电压大电流负载功率时，还应配用电压和电流互感器。

（2）功率表的正确接线。功率表的接线应遵守"发电机端"原则：

1）功率表标有"＊"号的电流端必须接至电源端，而另一端则接至负载端，电流线圈与被测电路串联。

2）功率表上标有"＊"号的电压端钮可以接电流端钮的任意一端，而另一电压端钮则跨接至负载的另一端，即功率表的电压线圈支路与被测电路相并联。

根据上述接线原则，功率表的接线方式有电压线圈前接和电压线圈后接两种，单相功率表测量功率的接线方法见表 2.6.8。

在功率表接线正确的情况下，如果指针反转，是由于负载端不是吸收功率而是向外输出功率的缘故。发生这种现象时应换接电流线圈的两个端钮，但绝不能换接电压端钮，否则将会引起附加误差，同时有可能使线圈绝缘击穿。有的电压线圈上装有换向开关，当发现指针反转时，转动换向开关，即可使指针正向偏转。此时换向开关只是改变了电压线圈中的电流方向，电压线圈与附加电阻的相对位置并没有改变。

（3）功率表的正确读数。对多量程功率表，应正确读出指针指示的标尺分格数 α，再根据所选的电压、电流量程和标尺满偏转时的格数，折算出（或根据制造厂商提供的说明书查出）分格常数 C，从而换算出被测功率值：$P = C\alpha$。

表 2.6.8　　　　　　　　　　　　　　　单相功率表的接线方法

测量内容	功率表接线	接　线　图	使用说明
测量单相电路功率	电压线圈前接		适用于负载电阻比电流线圈内阻大得多的情况
	电压线圈后接		适用于负载电阻远远小于电压支路电阻的情况
	用电流互感器和电压互感器扩大单相功率表量程		被测电路功率大于功率表量程时，加接电流互感器和电压互感器扩大量程，被测功率 P 为 $$P=K_1K_2P_1$$ 式中　P_1—功率表读数；　　　K_1—电流互感器比率；　　　K_2—电压互感器比率
测量三相电路功率	用三个单相功率表测三相四线制电路的功率		电路的总功率为三只功率表读数之和，即 $$P=P_1+P_2+P_3$$
	两只单相功率表测三相三线制电路功率		电路总功率为两只单相功率表读数之和，即 $$P=P_1+P_2$$ 若负载功率因数低于 0.5 时，会有一只功率表的读数为负值，需换接电流线圈的两个端钮，所读数应取负值

续表

测量内容	功率表接线	接 线 图	使用说明
测量三相电路功率	三相功率表测三相电路的功率	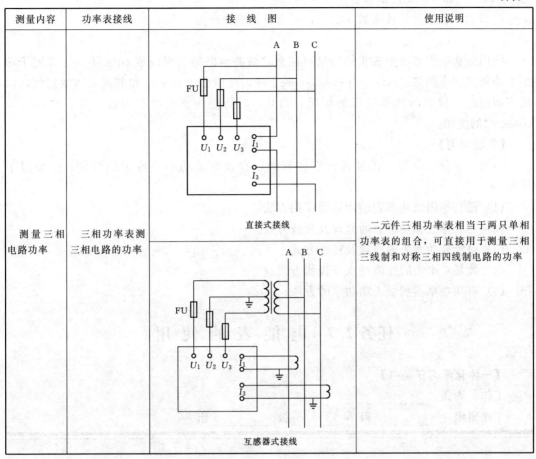	二元件三相功率表相当于两只单相功率表的组合，可直接用于测量三相三线制和对称三相四线制电路的功率

（4）低功率因数功率表：

1）功用：对于功率因数较低的负载电路，如果用普通功率表测量功率，测量结果的误差会很大，因此应采用低功率因数功率表进行测量。

低功率因数功率表工作原理和普通功率表基本相同，不同之处在于它们都采取了特殊的减小误差的措施，如采用补偿线圈、采用补偿电容、采用张丝支承、光标指示的结构等方法，以适应在低功率因数电路中测量功率的需要。

2）正确接线：低功率因数功率表的接线和普通功率表相同，即应遵守发电机端守则。但对具有补偿线圈的低功率因数功率表，则须采用电压线圈后接的方式。

3）正确读数：低功率因数功率表的分格常数为

$$C=\frac{U_N I_N \cos\varphi_N}{\alpha_N}$$

式中　C——分格常数，W/格；

　　U_N——电压额定值；

　　I_N——电流额定值；

　　$\cos\varphi_N$——额定功率因数；

α_N——标尺满刻度格数。

已知功率表指针偏转格数 α 之后，可求得被测功率为

$$P = C\alpha$$

使用低功率因数功率表实际测量时注意：被测电路的功率因数 $\cos\varphi$ 不一定等同于功率表的额定功率因数 $\cos\varphi_N$，当 $\cos\varphi > \cos\varphi_N$ 时，可能会出现电压和电流未达额定值，而功率却超过了仪表的功率量程的情况，因此，要特别注意低功率因数功率表在 $\cos\varphi > \cos\varphi_N$ 时的使用。

【拓展学习】

小组同学分工合作，通过各种媒体资源，查找有关功率表应用的案例，完成以下任务。

(1) 低功率因数功率表的用途及使用方法。

(2) 三元件三相功率表的原理及接线方式。

(3) 整流式功率表的原理及接线方式。

(4) 数显功率表的性能特点及接线方式。

(5) 有功功率表测量无功功率的方法。

任务 2.7　电能表的使用

【一体化学习任务书】

工作负责人：＿＿＿＿＿＿＿

工作班组：＿＿＿＿＿＿班＿＿＿＿＿级＿＿＿＿＿组

1. 任务分析

电能计量装置是电能表、测量用互感器以及电能表到互感器之间的二次回路的总称，通过电能计量装置来计量发电量、厂用电量、供电量、损耗电量、销售电量等，其中电能表是电能计量装置的核心，是电力生产和电能使用方面必不可少的电测仪表。本任务学习电能表的主要技术特性及使用方法。

本任务实训电路图如图 2.7.1 所示。

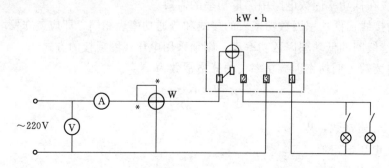

图 2.7.1　单相电能表测量电能实验线路图

本任务测试数据见表 2.7.1 和表 2.7.2。

表 2.7.1   **电 能 表 铭 牌 数 据**

仪表型号	额定电压	标定电流	额定最大电流	额定频率	准确度	电能表常数 C

表 2.7.2   **电能表准确度检测实验数据**

负载情况 (25W 白炽 灯盏数)	测 量 值					计 算 值	
	U/V	I/A	P/W	铝盘转数 N/r	测定时间 t/s	计算时间 T/s $\left(T=3600\dfrac{N}{CP}\right)$	误差 $\gamma/\%$ $\left(\gamma=\dfrac{T-t}{T}\times100\%\right)$
3							
2							

注意：三相电能表实训任务的电路图及实验数据记录表格，请同学们自行设计。

2. 任务实施

本任务实施见表 2.7.3～表 2.7.6。

表 2.7.3   **电 工 作 业 工 作 票**

工作任务：电能表的使用		
工作时间：	工作地点：	
任务目标	1. 认识电能表的用途、分类和型号含义 2. 读懂并绘制电能表接线原理图 3. 能正确进行电能表的接线和读数	
任务器材	**仪器、仪表、工具**	准备情况
	1. 电源：380/220V 交流电源 2. 电工工具：验电笔、钢丝钳、尖嘴钳、剥线钳、螺丝刀 3. 仪表设备：感应式电能表（单相、三相三线制）、交流电流表、交流电压表、功率表、秒表、兆欧表、电流互感器 4. 负载：白炽灯（25W/220V）、三相交流异步电动机	
预备知识和技能	**相关知识技能**	**相关资源**
	1. 工具（验电笔、钢丝钳、尖嘴钳、剥线钳、螺丝刀）的正确使用方法 2. 交流电流表、交流电压表、功率表、电流互感器的使用和注意事项 3. 电能表的用途、结构原理、主要技术特性	1. 教材：电工与电气测量实训教程 2. 作业票：工作票、申请票、操作票 3. 其他媒体资源
工作票签发人签名：		

表 2.7.4   **电 工 作 业 申 请 票**

工作人员要求		作业前准备工作	
身体健康、精神饱满	爱护设备，保持环境清洁	掌握预备知识和技能	提前填写作业票相关内容
认真负责，团结协作	持作业票作业	清楚作业程序	做好安全保护措施
严格执行工作程序、规范及安全操作规程		准备好后提出作业申请	
作业执行人签名：		作业许可人签名：	

表 2.7.5　　　　　　　　　　　　电工作业操作票（1）

学习领域：电工与电气测量			项目 2：常用电工仪器仪表使用及常用元器件识别		
任务 2.7：电能表的使用				学时：2 学时	
(1) 单相照明负载（25W×9）					
作业程序			作业内容及标准		作业标准执行情况
开工准备	1. 核准用户报装负荷情况		电路工作电压、功率、电流		
	2. 选用电能表	铭牌数据	仪表型号	记录并明确各铭牌数据含义	
			额定电压		
			标定电流		
			额定最大电流		
			额定频率		
			准确度		
			电能表常数 C		
		电能表选择	形式选择	根据电能表用途选择不同系列	
			量程选择	额定电压：≥被测电路工作电压	
				额定最大电流：≥经核准的用户报装负荷容量	
	3. 施工图纸		识读电路图	读懂并正确绘出接线原理图	
单相照明负载电能测量	直接接入	4. 电能表安装	按图接线	火线 1 进 2 出	
				零线 3 进 4 出	
			仪表位置	表身与地面垂直	
		5. 通电观测	电能表校验	功率表—秒表法	转数 N/r： 测定时间 t/s：
			读数	读数准确，记录正确	
			测量完毕，断电拆线		
	经互感器接入	6. 电流互感器选用	额定电压与被测线路电压适应		
			初级额定电流大于被测电流		
		7. 确定变流比	所绕匝数正确 N_1/匝：		
			根据所绕匝数正确算出变流比 K_i：		
		8. 按图接线	正确，牢固，干净		
		9. 通电观测	$W = K_i ×$ 电能表读数		
完工	10. 清理现场		器材摆放有序，作业环境清洁		
工作执行人签名：			工作监护人签名：		

表 2.7.6　　　　　　　　　　**电工作业操作票（2）**

学习领域：电工与电气测量		项目 2：常用电工仪器仪表使用及常用元器件识别		
任务 2.7：电能表的使用				学时：2 学时
（2）三相动力负载（三相交流异步电动机）				
作业步骤		作业内容及标准		作业标准执行情况
开工准备	1. 检测电动机	（1）外观检测，转动电动机转轴转动灵活； （2）用万用表判断同相绕组； （3）用兆欧表测量绝缘电阻		
	2. 电动机铭牌数据	型号	记录并明确各铭牌数据含义	
		额定功率		
		额定电压		
		额定电流		
		接法		
	3. 三相电能表选用	电能表铭牌数据	记录并明确各铭牌数据含义	
		额定电压	大于被测电路电压	
		额定电流	大于被测电路电流	
	4. 施工图纸	设计测量三相电动机电能的电路图并正确绘出		
三相交流电动机电能测量	5. 电路装接	按图接线	电流表、电压表、电能表接线正确	
		电动机连接	接线正确	
		电能表位置	表身与地面垂直	
	6. 通电观测	观察电流表、电压表		
		观察电能表转动情况，观察电动机运转情况		
	7. 作业结束	断电拆线		
完工	8. 清理现场	器材摆放有序，作业环境清洁		
工作执行人签名：			工作监护人签名：	

3. 学习评价

对以上任务完成的过程进行评价见表 2.7.7。

表 2.7.7　　　　　　　　　　**学 习 评 价 表**

自我评价	以上作业步骤，每错一个步骤，扣 1 分，共计 10 分				得分：
小组评价	课前准备	安全文明操作	工作认真、专心、负责	团队沟通协作，共同完成工作任务	实训报告书写
	每项 2 分，共计 10 分				得分：
教师评价					

【知识认知】

1. 电能表的分类

为满足不同的电能测量需要，有多种类型的电能表。

（1）按结构及工作原理分为感应式电能表、电子式电能表。

（2）按准确度等级分为普通级、精密级。

（3）按计量对象分为有功电能表、无功电能表、最大需量表、预付费电能表、复费率电能表、多功能电能表等。

（4）根据接入电源的性质分交流电能表和直流电能表。

（5）按照表计的安装接线方式分为直接接入式和间接接入式（经互感器接入）。其中由于测量电路的不同，通常又分为单相电能表、三相三线电能表和三相四线电能表。

（6）按平均寿命的长短，单相感应式电能表又分为普通型和长寿命技术电能表。

2. 电能表的主要技术特性

（1）型号含义见表 2.7.8。

表 2.7.8　　　　　　　　　　　　　型　号　含　义

第一部分：类别代号		第二部分：组别代号				第三部分	
字母	含义	字母	含义	字母	含义	字母	含义
D	电能表	D	单相	F	复费率	阿拉伯数字	设计序号
		S	三相三线	S	全电子式		
		T	三相四线	D	多功能		
		X	无功	Y	预付费		
		B	标准	Z	最大需量		

常用电能表型号举例。

1）感应式电能表：

DD——单相感应式电能表，如 DD862 型；

DS——三相三线有功电能表，如 DS864 型；

DT——三相四线有功电能表，如 DT862 型、DT864 型；

DX——单相无功电能表，如 DX862 型、DX863 型；

DSF——三相三线复费率电能表，如 DSF188 型、DSF168 型；

DTF——三相四线复费率电能表，如 DTF188 型、DTF168 型；

DZ——最大需量表，如 DZ1 型；

DDY——单相预付费电能表，如 DDY59 型；

DBT——三相四线有功标准电能表，如 DBT25 型。

2）电子式电能表：

DDSF——单相全电子式复费率电能表，如 DDSF311 型；

DDSY——单相全电子式预付费电能表，如 DDSY314 型；

DSSF——三相三线全电子式复费率电能表，如 DSSF353 型；

DTSF——三相四线全电子式复费率电能表，如 DTSF311 型；

DSSD——三相三线全电子式多功能电能表，如 DSSD331 型；

DTSD——三相四线全电子式多功能电能表，如 DTSD133 型。

（2）准确度等级。准确度高低是用仪表的误差来衡量的。误差越小，准确度等级越高。电能表的准确度等级如下。

普通级：0.2S，0.2，0.5S，0.5，1.0，2.0，3.0 级。

精密级：0.01，0.05 级。无标志时，单相电能表视为 2.0 级。

（3）标定电流（额定最大电流）。标定电流 I_b 是确定电能表有关特性的电流值，电能表在标定电流下工作时误差最小。额定最大电流 I_{max} 是指电能表能长期正常工作，而且误差和温升满足要求的允许最大电流值，一般约为标定电流的 1.5～2 倍。例如，电能表铭牌标注为 5（10），则该表 $I_b=5A$，$I_{max}=10A$。当 $I_{max}≤1.5I_b$ 时，一般只标明 I_b 的值。对于经电流互感器接入式电能表则标明互感器二次电流，以 5A 表示。对三相电能表应在前面乘以相数，如 3×5（20）A，若电能表常数中已考虑互感器变比时，应标明互感器变比，如 3×1000/5A。国际上电能表的额定最大电流可达标定电流的 6 倍，数字电子式的已达 10 倍以上。倍数越大，负载电流的容许范围越宽，表示电能表的性能越好。

（4）额定电压。额定电压是电能表能长期承受的电压额定值。对于单相电能表以电压线路接线端上的电压表示，如 220V；对于三相三线电能表则以相数乘以线电压表示，如 3×380V；对于三相四线电能表则以相数乘以相电压/线电压表示，如 3×220/380V；若电能表经电压互感器接入，且在电能表常数中已考虑互感器变比时，应标明互感器变比，如 3×6000/100V。

（5）额定频率。是确定电能表有关特性的频率值，如 50Hz。

（6）电能表常数 C。电能表常数 C 表示电能表记录的电能与相应的铝盘转过的转数或脉冲数之间关系的常数。有功电能表常数以 1kW·h/r(imp) 表示，无功电能表常数以 1kvar·h/r(imp) 形式表示。例如 $C=1800r/(kW·h)$，表示感应式电能表每计量 1kW·h 电量时转盘转过的圈数为 1800 转；$C=1600imp/(kW·h)$，其含义是电子式电能表每计量 1kW·h 电能，电能表发出 1600 个脉冲，面板上的脉冲指示灯闪动 1600 次。

（7）灵敏度 S。电能表的灵敏度是指在额定电压、额定频率及 $\cos\varphi=1$ 的条件下，负载电流从零值增加至铝盘开始转动时的最小电流 I_{min} 与标定电流 I_N 的百分比。《机电式交流电流表》（JJG 307—2006）规定，这个电流应不大于额定电流的 0.5%。

（8）潜动。电能表无载自动，称为"潜动"。按照规定，当电能表的电流线路中无电流，而加于电压线路上的电压为额定电压的 80%～110% 时，在 JJG 307—2006 规定的限定时间内电能表的转动不应超过 1 整转。

3. 电能表的结构原理

感应式电能表利用的是电磁感应理论，电子式电能表采用的是单片机方式。尽管手段不同，但它们遵循的计量原理是相同的，即首先产生功率信号，然后将功率信号累加即得用电量。电能表的基本结构及原理见表 2.7.9。

4. 电能表的接线

电能表接入测量电路有两种方式：一种是直接接入式，另一种是经互感器接入式。电能表的接线方式见表 2.7.10。

表 2.7.9 　　　　　　　　　　　　　**电 能 表 结 构 原 理**

仪表	结 构 原 理	图 示
感应式电能表	1. 单相电能表 　（1）驱动元件。驱动元件由电压元件（主要由铁芯和电压线圈构成）和电流元件（主要由铁芯和电流线圈构成）组成。 　当线路电压加到电压线圈、负载电流通过电流线圈后，其产生的交变磁通与它们在铝盘中产生的感应电流相互作用，进而产生驱动力矩，驱动铝盘转动。 　（2）转动元件。转动元件由铝盘和转轴组成，转轴上装有传递铝盘转数的蜗杆。 　仪表工作时，驱动元件产生的交变磁通穿过铝盘，铝盘感应出的涡流与交变磁通相互作用而产生转动力矩，铝盘所受平均转动力矩与负载功率成正比。 　（3）制动元件。制动元件由永久磁铁及其调整装置组成。 　永久磁铁与铝盘旋转时切割永久磁铁的磁通所感应的涡流相互作用，产生与转动力矩方向相反、大小与铝盘转速成正比的制动力矩。当转动力矩和制动力矩平衡时，铝盘以稳定的转速转动，其转速与被测功率成正比。 　（4）计度器。计度器包括安装在转轴上的蜗杆、蜗轮及一套齿轮和滚轮等构成。 　当铝盘转动时，通过蜗杆、蜗轮及齿轮组的传动，带动滚轮组转动，自动累计铝盘的转数，并通过滚轮上的数字显示出被测电能的大小	单相电能表外形图 转轴　蜗杆　蜗轮 铝盘 电压元件　永久磁铁 电流元件 负载 电源 单相电能表结构示意图
	2. 三相电能表 　（1）三相三线有功电能表是根据两表法测量三相有功功率的原理，由两只单相电能表的测量机构组合而成，通常有两种结构形式，即两元件双圆盘结构和两元件单圆盘结构。将表接入电路后，作用在转轴上的总转矩等于两组元件产生的转矩之和，并与三相电路的有功功率成正比。因此，铝盘的转数可以反映有功电能的大小，并通过计度器直接显示出三相电能的数值。 　（2）三相四线电能表是按照三表法测功率的原理，由三只单相电能表的测量机构组合而成。常见的是具有三个驱动元件和两个铝盘结构的三相四线电能表。它的特点是有两组驱动元件共同作用在一个铝盘上，另一组元件单独作用在另一个铝盘上。其外形与三相三线电能表完全相同	三相电能表外形图 制动磁铁 第二组元件 转轴 第一组元件 制动磁铁 铝盘 端子 L₁ 3～380V　L₂ L₃ 负载 三相三线电能表结构示意图

仪表	结 构 原 理	图 示
电子式电能表	**1. 电子式电能表** 电子式电能表通常由取样单元（电压采样器和电流采样器）、电能计量芯片［乘法器、$U/f(D/f)$ 转换器］、中央处理器（单片机）、存储器、电源单元、显示单元、输出及通信单元等几部分构成。 取样电路将被测电压和电流转换为电子电路能处理的低电压和小电流后送至乘法器，乘法器完成电压和电流的瞬时值相乘，输出一个与一段时间内的平均功率成正比的直流电压 U_o，然后利用电压/频率转换器将 $\dot{U}_o$ 转换成与平均功率成正比的脉冲频率信号 f_0，通常提供高低两种频率的脉冲，其中低频脉冲送单片微机处理计数，累计所消耗的电能，高频脉冲作为校准脉冲，可以提高校准的精度 **2. 预付费电能表** 单相预付费电能表是在普通单相电子式电能表基础上增加了微处理器、IC 卡接口和表内跳闸继电器构成的。它通过 IC 卡进行电能表电量数据以及预购电费数据的传输，通过继电器自动实现欠费跳闸功能。 取样电路取出被测电路电流和电压信号，送至计量芯片；计量芯片中的乘法器及功率/频率转换电路将电流电压量转换为与有功功率成正比的脉冲信号。其中高频脉冲送至红外 LED，产生红外信号供校验使用；低频脉冲送单片微机处理计数；微处理器将脉冲信号进行电能累计，并且存入存储器中，同时进行剩余电费递减，在欠费时给出报警信号并通过继电器自动实现欠费跳闸功能。它随时监测 IC 卡接口，判断插入卡的有效性以及购电数据的合法性，将购电数据进行读入和处理。并将数据输出到相应的显示器中显示	电子式电能表工作原理框图 预付费电能表外形图 预付费电能表结构框图

59

续表

仪表	结 构 原 理	图 示
电子式 电能表	**3. 复费率电能表** 　　复费率电能表是在通用电能表的基础上，加装时钟电路，根据原定的时段分时切换。将不同时段所耗用电能记录在不同的存储器中，从而实现按峰、平、谷不同时段进行收费，同时监控电网在不同时段的用电状态。一般具有遥控器红外线编程、掌上电脑红外抄表、RS485通信接口有线抄表功能。 　　其取样及计量芯片与普通电子式电能表采用相同技术。微处理器将脉冲信号进行电能累计，并且存入存储器中，同时读取时钟信号，按照预先设定好的时段分时计量，并将数据输出到显示器中显示。并且随时接收串行通信口的通信信号进行数据处理	复费率电能表外形图 复费率电能表结构框图
	4. 多功能电能表 　　多功能电能表实现了有功双向分时电能计量、需量计量、无功计量、功率因数计量、显示和远传实时电压、电流、功率、负载曲线等，且可按电力部门标准实现全部失压、失流、电压合格记录、报警、显示功能，可有效杜绝窃电行为，满足对用户进行现代化科学管理的要求	多功能电能表外形图

表 2.7.10　　　　　　　　　　**电 能 表 接 线 方 法**

电能表形式	接线方式	接线图	说 明
单相电能表	直接接入式	kW·h 1 2 3 4 L　　N	单相电能表有四个接线端子，接线时，应遵循从左到右"火线 1 进 2 出，零线 3 进 4 出"的原则。"进"端接电源，"出"端接负载

电能表形式	接线方式	接线图	说　明
单相电能表	间接接入式	kW·h 接线图（1、2、3、4端子，K₁-K₂，L、N，L₁、L₂、TA）	在低压大电流电路中，须采用经电流互感器接入式的接线方式。当计量装置安装在高压电路中进行计量时，电能表应采用经电压互感器和电流互感器接入方式。若电能表内电流、电压同名端连接片是连着的，可采用电流、电压线共用方式接线，如图所示。若连接片是拆开的，则应采用电流、电压分开方式接线，这种接线方式电流互感器二次侧可以接地
三相四线有功电能	直接接入式	kW·h 接线图（1~11端子，A、B、C、N）	三相四线有功电能表是按三表法的测量原理构成的，所以仪表中装有三组元件。用于三相四线制电能的测量
三相四线有功电能	间接接入式	kW·h 接线图（1~11端子，A、B、C、N）	三相四线有功电能表经互感器接入式可分为电压电流线共用方式与分开方式两种，如图所示为电压、电流共用方式接线图
三相三线有功电能表	直接接入式	kW·h 接线图（1~8端子，A、B、C）	两元件三相三线有功电能表，用于三相三线制电能的测量
三相三线有功电能表	间接接入式	kW·h 接线图（1~8端子，A、B、C）	三相三线有功电能表经电流互感器接入式的接线方式

5. 电能表的选用

（1）电能表应在准确度及功能方面满足营业计费的需要。应选用符合国家标准，并经有关部门鉴定合格的电能表。

（2）应根据安装、使用环境，选用符合相关规程规定的电能表。

（3）用于发电厂、变电站的电能计量装置应选用多功能电能表。

（4）低压供电方式为单相二线者应安装单相电能表。

（5）低压供电方式为三相者应安装三相四线电能表，有考核功率因数要求者，应加装三相无功电能表。

（6）高压供电方式为中性点非有效接地系统一般采用三相三线有功、无功电能表，但经消弧线圈等接地的计费用户且平均中性点电流（至少每季测试一次）大于 $0.1\% I_N$ 时，也应采用三相四线有功、无功电能表。

（7）高压供电方式为中性点有效接地系统应采用三相四线有功、无功电能表。

（8）执行功率因数调整电费的电力客户，应选用能计量有功电量、无功电量的电能表。

（9）按最大需量记收基本电费的电力客户，应选用装设有最大需量计量功能的电能表；实行分时电价的电力客户，应选用具有复费率功能的电能表。

（10）电能表的额定电压应与供电线路电压相适应。

（11）电能表的标定电流按如下方式确定：

直接接入电能表，其标定电流应根据额定最大电流和过载倍数来确定，其中，额定最大电流应按经核准的客户报装负荷容量来确定；正常运行中的电能表实际负荷电流应达到最大额定电流的 30% 以上，过载倍数宜取 2 倍；为提高低负载计量的准确性，实际负荷电流低于最大额定电流的 30% 时，应选用过载 4 倍及以上的电能表。

经互感器接入的电能表，如电流互感器额定二次电流一般为 5A，可以先计算其取值范围 5A 的 30% 是 1.5A，电能表最大额定电流的取值范围 5A 的 120% 为 6A，则可以选用 1.5（6）A 的电能表。

家用电能表的常用规格有 2.5A、5A、10A、15A 和 20A 等，它们带负载的能力见表 2.7.11。

表 2.7.11　　　　　　　单相电能表的负载能力

电能表标定电流/A	2.5	5	10	15	20
负载总功率/W	550	1100	2200	3300	4400

一般应使所选用的电能表负载总功率为实际用电总功率的 1.25～4 倍。所以，在选用电能表的容量或电流前，应先进行负荷计算。

6. 电能表的安装

电能表应安装在电能计量柜（屏）上，每一回路的有功和无功电能表应垂直排列或水平排列，无功电能表应在有功电能表下方或右方，电能表下端应加有回路名称的标签，两只三相电能表相距的最小距离应大于 80mm，单相电能表相距的最小距离为 30mm，电能表与屏边的最小距离应大于 40mm。

电能表安装必须垂直、牢固，表中心线向各方向的倾斜不大于 1°（特指感应式电能表）。

【拓展学习】

小组同学分工合作，通过各种媒体资源，查找有关电能表应用的案例，完成下面任务。

1. 集中抄表系统实现数据远程传输的方式简介

集中抄表系统实现数据远程传输的方式简介见表 2.7.12。

表 2.7.12　　　　　　　　　　　　　方　式　简　介

项目	集中抄表系统实现数据远程传输的方式	
1	红外传输	
2	利用 RS485 串口传输	
3	利用电力线或有线电视网传输	
4	无线传输	
5	IC 卡传输	

2. 感应式电能表与电子式电能表的主要区别

感应式电能表与电子式电能表的主要区别见表 2.7.13。

表 2.7.13　　　　　　　　　　　　　主　要　区　别

项目	感应式电能表与电子式电能表的主要区别	
1	电能表常数	
2	灵敏度	
3	功耗	
4	准确度	
5	防窃电功能	
6	校验	
7	故障率	
8	体积和质量	
9	其他	

3. 电子式 IC 卡预付费电能表的技术特性及使用安装方式

电子式 IC 卡预付费电能表的技术特性及使用安装方式见表 2.7.14。

表 2.7.14 技术特性及使用安装方式

项目		电子式 IC 卡预付费电能表的技术特性及使用安装方式									
1	用途										
2	适用范围	适用环境温度：						相对湿度：			
3	功能特点										
4	技术参数	额定电压	标定电流	额定频率	准确度等级	数据保护	启动电流	功耗	潜动	重量	外型尺寸
5											
6	使用方法	购电卡购电：									
7		电量写入操作：									
8		电量显示：									
9		报警信息：									
10		断电控制：									
11		负荷控制：									
12	安装接线										

任务 2.8　万 用 表 的 使 用

【一体化学习任务书】

工作负责人：＿＿＿＿＿＿＿＿

工作班组：＿＿＿＿＿＿＿ 班＿＿＿＿＿＿＿ 级＿＿＿＿＿＿＿ 组

1. 任务分析

万用表是一种多电量、多量程、多功能的便携式电测仪表，一般可以用来测量交、直流电流，交、直流电压，电阻等。有的万用表还能够测量电感、电容以及晶体二极管、三极管的某些参数等。常用的万用表有模拟式和数字式两种，因为携带方便、使用灵活，是电气工程人员必备的电工测量仪表。本任务学习万用表的正确使用。

本任务测试数据见表 2.8.1～表 2.8.6。

表 2.8.1 万用表盘面符号意义

序　号	表 盘 符 号	含　义

表 2.8.2 万用表测量电阻记录数据

电阻标定阻值/Ω					
指针式万用表测量值/Ω					
数字式万用表测量值/Ω					

表 2.8.3 万用表测量直流电压记录数据

电压表测量值/V				
指针式万用表测量值/V				
数字式万用表测量值/V				

表 2.8.4 万用表测量交流电压记录数据

电压表测量值/V				
指针式万用表测量值/V				
数字式万用表测量值/V				

表 2.8.5 万用表判别二极管的极性及质量

万用表转换开关挡位		
测量电阻，判别极性	正向电阻是_____ 反向电阻是_____	这时与万用表红表笔相连的是二极管 的_____极，与万用表黑表笔相连的是二极 管的_____极
判别二极管质量		

表 2.8.6 万用表判别电解电容器的好坏

万用表转换开关挡位	
测量电阻，判别极性	正接时（黑表笔接电解电容器的正极，红笔接负极）的漏电电阻为_____
判别电容器质量	观察指针摆动情况，说明电容器的好坏_____

2. 任务实施

本任务实施见表 2.8.7～表 2.8.9。

表 2.8.7 电 工 作 业 工 作 票

工作任务：万用表的使用			
工作时间：		工作地点：	
任务目标	1. 熟悉万用表的面板结构和使用方法 2. 能用万用表测量交直流电压、交直流电流、电阻等参数 3. 用万用表判断元件通断或排除电路中的故障		
任务器材	仪器、仪表、工具		准备情况
任务器材	1. 仪表：万用表、直流电压表、交流电压表 2. 电源：380/220V 交流电源、直流稳压电源、干电池 3. 元器件：电阻、电容器、二极管		
预备知识和技能	相关知识技能		相关资源
预备知识和技能	1. 万用表正确使用 2. 二极管、电容器特性		1. 教材：电工与电气测量实训教程 2. 作业票：工作票、申请票、操作票 3. 其他媒体资源
工作票签发人签名：			

表2.8.8 **电工作业申请票**

工作人员要求		作业前准备工作	
身体健康、精神饱满	爱护设备，保持环境清洁	掌握预备知识和技能	提前填写作业票相关内容
认真负责，团结协作	持作业票作业	清楚作业程序	做好安全保护措施
严格执行工作程序、规范及安全操作规程		准备好后提出作业申请	
作业执行人签名：			作业许可人签名：

表2.8.9 **电工作业操作票**

学习领域：电工与电气测量		项目2：常用电工仪器仪表使用及常用元器件识别		
任务2.8：万用表的使用				学时：2学时
作业步骤		作业内容及标准		作业标准执行情况
开工准备	1.仪表型号	型号记录正确		
	2.仪表技术特性		明确各技术特性含义	
电阻测量	3.被测设备	断电		
	4.表笔位置	红表笔	"+"插孔	
		黑表笔	"—"插孔	
	5.转换开关位置	电阻挡位	挡位正确	
	6.倍率选择	选择合理	指针在标尺中间刻度范围	
	7.电阻调零	表笔短接，调零	会电阻调零	
	8.接线	表笔与被测电阻连接	两手不同时接触被测电阻	
	9.读数	电阻标尺读数	刻度×倍率	
	10.测量完毕	转换开关位置	开关转到空挡或交流电压最大挡	
电压测量	1.表笔位置	红表笔	"+"插孔	
		黑表笔	"—"插孔	
	2.转换开关位置	直流（交流）电压挡	挡位正确	
	3.量程选择	大于并接近测量值	量程正确合理	
	4.接线	测直流电压时，红笔接高电位端，黑笔接低电位端		
	5.读数	根据所选量程从电压标尺读数		
	6.整理器材	转换开关位置	开关转到空挡或交流电压最大挡	
完工	7.整理器材	工作台干净整洁，器材摆放有序		
工作执行人签名：				工作监护人签名：

3. 学习评价

对以上任务完成的过程进行评价见表2.8.10。

表 2.8.10 　　　　　　　　　　　　　**学习评价表**

自我评价	以上作业步骤，每错一个步骤，扣 1 分，共计 10 分				测电阻得分：＿＿ 测电压得分：＿＿
小组评价	课前准备	安全文明操作	工作认真、专心、负责	团队沟通协作，共同完成工作任务	实训报告书写
	每项 2 分，共计 10 分				得分：
教师评价					

【知识认知】

1. **万用表类型**

万用表可以分为模拟式（指针式）和数字式两大类。数字式万用表又分为便携式、笔型、钳型、台式等多种类型，如图 2.8.1 所示。

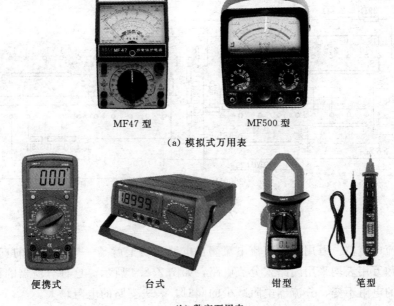

MF47 型　　　　　　　　MF500 型

(a) 模拟式万用表

便携式　　　　　台式　　　　　钳型　　　　　笔型

(b) 数字万用表

图 2.8.1　不同类型万用表

2. **万用表的结构**

万用表由测量机构、测量线路及转换开关等三个主要部分组成。面板上有带有对应不同被测电量多条标尺的刻度盘、转换开关、测量插口、零位调节旋钮及电阻调零旋钮等。

（1）测量机构。万用表测量机构的作用是把过渡电量转换为仪表指针的机械偏转角，通常采用高灵敏度的磁电系直流微安表，其满偏电流为几微安到几百微安，满偏电流越小的测量机构灵敏度越高。万用表的灵敏度通常用电压灵敏度（Ω/V）来表示，其值越高，内阻越大，其对被测电路工作状态的影响就越小，相应的测量误差也越小。

（2）测量线路。万用表测量线路的作用是把各种不同的被测电量转换为磁电系测量机构所能接受的微小直流电流。测量线路实质上是由多量程直流电流表、多量程直流电压表、多量程整流系交流电压表以及多量程欧姆表等几种线路有机地组合而成。测量线路中使用的元器件主要包括分流电阻、分压电阻、整流元件等。

（3）转换开关。万用表转换开关的作用是用来选择各种不同的测量线路，以满足不同电量和不同量程的测量要求。转换开关通常都采用多刀多掷开关，转动转换开关的旋钮时，其可动触头跟着转动，在不同挡位上和相应的固定触头相接触，从而使对应的测量线路接通。有的万用表只有一个转换开关，此转换开关既能选择测量的电量，同时又能选择量程；若有两个转换开关，则它们一个用于切换测量不同电量的挡位，一个用于切换相应测量电量的不同量程。

3. 万用表的工作原理

图 2.8.2 为 MF500 型万用表的测量线路，图 2.8.3 为 MF47 型万用表的测量线路。

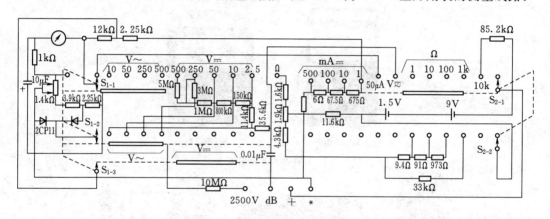

图 2.8.2　MF500 型万用表测量线路

（1）直流电流挡。万用表的直流电流测量电路实质上就是一个多量程的直流电流表，目前绝大多数万用表均采用闭路式分流电路，如图 2.8.4 所示。这种分流器的特点是：整个闭合电路的电阻不变，分流器电阻减少的同时，表头支路的电阻增大。

（2）直流电压挡。万用表的直流电压测量电路实质上是一只多量程直流电压表。它采用多个附加电阻与表头串联分压的方法来扩大电压量程。量程越大，配置的串联电阻也越大。串联附加电阻的方式有单独式和共用式两种，500 型万用表电路采用共用式，如图 2.8.5 所示。共用式具有电阻总值小的优点；其缺点是低量程电阻如烧断，则高量程也不能使用。

（3）交流电压挡。万用表的交流电压测量电路就是在整流系仪表的基础上串联分压电阻而成的。

用万用表测量交流电压时，先要将交流电压经整流器变换成直流后再送给磁电式表头，即万用表的交流测量部分实际上是整流式仪表，其标尺刻度是按正弦交流电压的有效值标出的。500 型万用表的交流电压测量电路如图 2.8.6 所示。

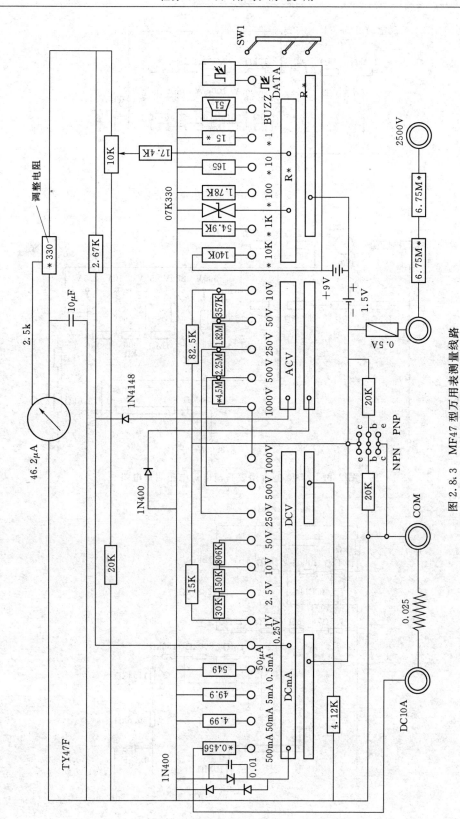

图 2.8.3 MF47 型万用表测量线路

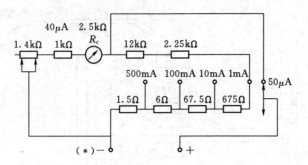

图 2.8.4 500 型万用表直流电流测量电路

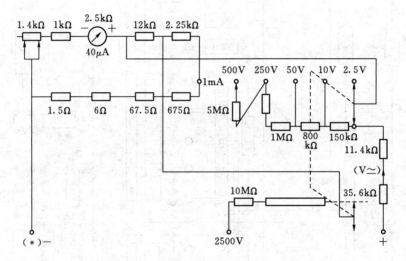

图 2.8.5 500 型万用表直流电流电压测量电路

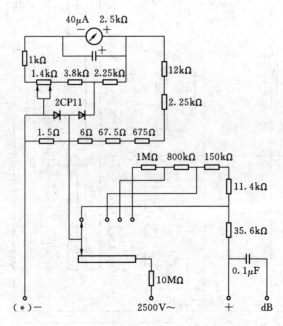

图 2.8.6 500 型万用表交流电压测量电路

（4）直流电阻挡。万用表的欧姆挡实际上就是一只多量程欧姆表，其测量电路如图2.8.7所示，简化电路如图2.8.8所示。

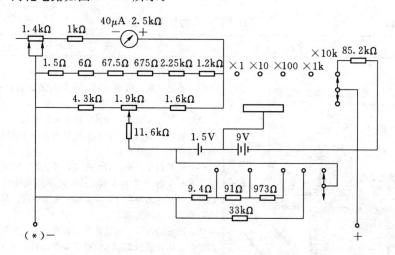

图2.8.7 500型万用表直流电阻测量电路

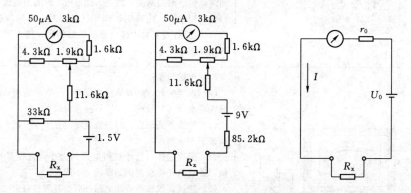

图2.8.8 500型万用表直流电阻测量简化电路

欧姆表测量电阻的实质是测量电流，使用表内的电池作为电源 U_0，测量电阻回路的电流 $I=U_0/(r_0+R_x)$，其中 r_0 为万用表的总内阻，R_x 为被测电阻。当 $R_x=0$ 时，I 最大，表头指针偏转角 α 也最大，此时调节零欧姆调节器可使指针达到满刻度值，即欧姆标尺的零刻度位置；当 $R_x=\infty$ 时，$I=0$，$\alpha=0$（机械零位），所以欧姆标尺是反向的，被测电阻越大，指针偏转角越小，且标尺刻度不均匀。$R_x=r_0$ 时，指针偏转至标尺的中心处，所以欧姆标尺的中心值，就是该挡欧姆表的总内阻值。量程越大，万用表的总内阻 r_0 也越大。

因为欧姆标尺的不均匀性使欧姆挡的有效测量范围仅局限于基本误差较小的标尺中央部分，因此测量电阻时，应选择量程合适的挡位，仪表指针越接近标度尺的中心部分，读数越准确。扩大欧姆表量程的措施，一是保持电池电压不变，改变分流电阻值，一般万用表中 $R\times1\sim R\times1k$ 挡都采用这种方法扩大量程；二是提高电池电压，通常万用表中 $R\times 10k$ 挡都采用这种方法来扩大量程。

4. 万用表的使用

（1）指针式万用表的使用方法见表 2.8.11。

表 2.8.11　　　　　　　　**指针式万用表的使用方法**

测量项目	图　示	使　用　说　明
电阻测量	表面刻度盘　电表指针　指针调节螺丝　调零旋钮　选择与量程开关　表笔塞孔　黑表笔　电阻　红表笔	（1）机械调零； （2）表笔位置：红表笔接"＋"号的插孔内；黑表笔插入"－"号或"＊"号插孔内； （3）转换开关位置：转动转换开关置于 Ω 挡； （4）选择合适倍率：使被测电阻的值应尽量接近刻度尺的中间，以保证读数准确； （5）欧姆调零：将两表笔短接，转动零欧姆调节旋钮，使指针停在标尺的"0"欧姆位置上。若不能调节到"0"欧姆点，说明内部电池的电阻已增大，需要更换电池。每变换一次倍率挡，都要重新欧姆调零； （6）测量读数：两表笔连接到被测电阻上测量阻值，被测电阻阻值＝指针所指刻度×转换开关所选的倍率。 （7）注意：不允许测量带电的电阻，测量电阻时，两手不应同时接触电阻的两端，避免人体电阻导致的测量误差； （8）用欧姆表内部电池作测试电源时（如判断晶体管的管脚），注意红表笔与内部电池的负极相接，黑表笔与内部电池的正极相接
电压测量	红表笔　1.5V 电池　黑表笔	（1）机械调零； （2）表笔位置：红表笔接在标有"＋"号的插孔内；黑表笔插入标有"－"号或"＊"号插孔内； （3）转换开关位置：测直流电压时置于 V－挡；测交流电压时置于 V～挡； （4）量程选择：估计被测电压的大小，选择量程大于被测值，并使指针移动到满刻度的 2/3 附近。 （5）连接：仪表与被测电路并联。若测量直流电压，红色表笔接至被测电压的高电位端，黑色表笔接至被测电压的低电压端； （6）读数：根据所选量程，在相应标尺读取被测电压值； （7）注意：不能带电转换量程，注意人身和仪表使用安全； （8）测量高压时，严格执行高压操作的有关规程，操作者要站在绝缘良好的地方，且用单手操作，以防触电
电流测量	红表笔　1.5K　1.5V 电池　黑表笔	（1）机械调零； （2）表笔位置：红表笔接在标有"＋"号的插孔内；黑表笔插入标有"－"号或"＊"号插孔内； （3）转换开关位置：测直流电流时置于 A－挡；测交流电压时置于 A～挡； （4）量程选择：估计被测电流的大小，选择量程大于被测值，并使指针移动到满刻度的 2/3 附近； （5）连接：仪表与被测电路串联。在测直流电流时，应使电流从红表流进，从黑表笔流出； （6）读数：根据所选量程，在相应标尺读取被测电流值； （7）注意：不能带电转换量程

续表

测量项目	图　示	使　用　说　明
维护和保养		（1）万用表使用完毕后，应将转换开关置于交流电压最高量程挡或空挡，以防下次测量时由于疏忽而损坏万用表； （2）万用表长期不使用时，应将表内部电池取出来，以免电池腐蚀表内其他器件； （3）万用表应在干燥、无震动、无强磁场、环境温度适宜的条件下存放

（2）数字万用表的使用方法见表 2.8.12。

表 2.8.12　　　　　　　数字万用表的使用方法

测量项目	使　用　说　明
电阻测量	（1）表笔位置：黑表笔插进"COM"，红表笔插入"V/Ω"孔中； （2）转换开关：旋转到"Ω"中所需的量程； （3）连接：用表笔接在电阻两端金属部位，不要把手同时接触电阻两端； （4）读数：保持接触稳定。数值可以直接从显示屏上读取。如果显示"1"，则表明所选量程小于被测值
电压测量	（1）表笔位置：黑表笔插进"COM"，红表笔插入"V/Ω"孔中； （2）转换开关：测直流电压旋转到"V─"或 DCV（直流）； 　　　　　　　测交流电压旋转到"V～"或 ACV（交流）； （3）连接：表笔接被测电路两端； （4）读数：保持接触稳定，即可读数。若显示为"1."，则表明量程太小，就要加大量程后再测量。如果测量直流电压时，在数值左边出现"─"，则表明表笔极性与实际电源极性相反，此时红表笔接的是低电位端
电流测量	（1）表笔位置：黑表笔插进"COM"，红笔根据被测电流大小插入相应插孔； （2）转换开关：测直流电流旋转到"A─"或 DCA（直流）； 　　　　　　　测交流电流旋转到"A～"或 ACA（交流）； （3）连接：万用表串入被测电路中； （4）读数：保持接触稳定，即可读数。若显示为"1."，那么要加大量程；测直流电时，如果在数值左边出现"─"，则表明电流从黑表笔流进万用表

【拓展学习】

小组同学分工合作，通过各种媒体资源，查找有关万用表应用的案例，完成以下任务。

（1）数字万用表测量二极管及三极管方法。

（2）各种类型万用表功能。

任务 2.9　电桥的使用

【一体化学习任务书】

工作负责人：_____

工作班组：_____ 班_____ 级_____ 组

1. 任务分析

电阻是电路的重要参数之一。根据被测电路的性质、阻值大小及对被测量的准确度要求的不同，应选择相应的测量仪表。为了得到较高的测量精度，可以使用电桥。电桥可分为直流电桥和交流电桥两大类，直流电桥又分为单臂和双臂两种。直流单臂电桥适用于测量 $1 \sim 10^6 \Omega$ 的中值电阻，如测量电机、变压器、各种电气设备的直流电阻，以进行出厂试验和故障分析；当测量的电阻较小时，如连接导线电阻、接触电阻等会使测量结果存在较大的误差，直流双臂电桥可以消除这一影响，其适用于测量 1Ω 以下的低值电阻。本任务学习直流电桥的使用方法。

本任务测试数据见表 2.9.1、表 2.9.2。

表 2.9.1　　　　　　　　　　单 臂 电 桥 测 量 数 据

万用表初测	单臂电桥测量		
	倍率	比较臂读数	$R_x =$ 倍率×比较臂
$R_x = \underline{\quad\quad} \Omega$			
$R_x = \underline{\quad\quad} \Omega$			

表 2.9.2　　　　　　　　　　双 臂 电 桥 测 量 数 据

万用表初测	双臂电桥测量		
	倍率	步进盘读数	滑线盘读数	$R_x =$ 倍率×(步进+滑线)
$R_x = \underline{\quad\quad} \Omega$			
$R_x = \underline{\quad\quad} \Omega$			

2. 任务实施

本任务实施见表 2.9.3~表 2.9.6。

表 2.9.3　　　　　　　　　　电 工 作 业 工 作 票

工作任务：电桥的使用			
工作时间：		工作地点：	
任务目标	1. 认识直流电桥的用途 2. 能正确使用电桥测量电阻		
任务器材	仪器、仪表、工具		准备情况
	1. 仪表：万用表、直流单臂电桥、直流双臂电桥 2. 设备：螺丝刀、连接导线 3. 元器件：空芯线圈、电阻		
预备知识和技能	相关知识技能		相关资源
	1. 万用表测量电阻方法 2. 直流电桥的结构特点及应用 3. 电桥测量电阻步骤及注意事项		1. 教材：电工与电气测量实训教程 2. 作业票：工作票、申请票、操作票 3. 其他媒体资源
工作票签发人签名：			

表 2.9.4　　　　　　　**电 工 作 业 申 请 票**

工作人员要求		作业前准备工作	
身体健康、精神饱满	爱护设备，保持环境清洁	掌握预备知识和技能	提前填写作业票相关内容
认真负责，团结协作	持作业票作业	清楚作业程序	做好安全保护措施
严格执行工作程序、规范及安全操作规程		准备好后提出作业申请	
作业执行人签名：			作业许可人签名：

表 2.9.5　　　　　　　**电 工 作 业 操 作 票 （1）**

学习领域：电工与电气测量			项目2：常用电工仪器仪表使用及常用元器件识别	
任务2.9.1：直流单臂电桥的使用				学时：2学时
作 业 步 骤		作业内容及标准		作业标准执行情况
开工准备	1. 估计被测电阻值	万用表初测		
	2. 选用电桥	测1Ω以上中值电阻	选用单臂电桥	
		测1Ω以下低值电阻	选用双臂电桥	
	3. 检查电桥及摆放电桥	(1) 电桥电池电压充足，保证电桥足够的灵敏度； (2) 电桥放置在平整位置		
直流单臂电桥测量电阻	4. 检流计调零	打开检流计锁扣，调节调零器，使检流计指针指零		
	5. 连接被测电阻	被测电阻接在标有"R_x"两端钮上	选用较粗较短连接导线，并拧紧	
	6. 选择倍率	选择倍率应使比较臂的四挡电阻都能被充分利用		
	7. 接通电源，调节电桥平衡	(1) 按下B按钮并锁住； (2) 轻按G按钮； (3) 调节比较臂使指针指零	观察检流计指针方向，若指针"+"向偏转，增大比较臂电阻；反之，减小比较臂电阻。调节一次，按一下G，电桥基本平衡时，锁住G按钮	
	8. 读取数据	被测电阻 R_x＝倍率×比较臂读数		
	9. 测量完毕	(1) 先松开检流计G按钮； (2) 再松开电源B按钮； (3) 拆除被测电阻； (4) 将检流计锁扣锁上		
完工	10. 清理现场	器材摆放有序，作业环境清洁		
工作执行人签名：				工作监护人签名：

表 2.9.6　　　　　　　　　　　电工作业操作票（2）

学习领域：电工与电气测量		项目 2：常用电工仪器仪表使用及常用元器件识别		
任务 2.9.2：直流双臂电桥的使用				学时：2 学时
作业步骤		作业内容及标准		作业标准执行情况
开工准备	1. 选用电桥	测 1Ω 以上中值电阻	选用单臂电桥	
		测 1Ω 以下低值电阻	选用双臂电桥	
	2. 确定电桥使用电源	（1）电桥内装的电池电压需充足，连接极性正确； （2）外接电源时，电压高低正确，极性连接正确		
直流双臂电桥测量电阻	3. 检流计调零	B₁ 接到"通"位置，调节调零器，使检流计指针指零；同时将灵敏度旋钮调在最低位置。调好后，B₁ 扳到"断"位置		
	4. 连接被测电阻	被测电阻按四端连接法接入电桥	（1）测量引线 4 根，C₁、C₂ 接在被测电阻外侧，P₁、P₂ 接在被测电阻内侧。 （2）连接导线要粗短，并拧紧	
	5. 选择倍率	被测电阻估算范围（Ω）	倍率选择	
		1.1～11	×100	
		0.11～1.1	×10	
		0.011～0.11	×1	
		0.0011～0.011	×0.1	
		0.00011～0.0011	×0.01	
	6. 调节比较臂	（1）步进盘调到估算值上，滑线盘可先调在 0 上； （2）B₁ 接到"通"位置； （3）按下 B 按钮，再按下 G 按钮，观察检流计指针方向； （4）调节步进盘和滑线盘，使检流计指针指在零位，电桥初步平衡； （5）先松 G 按钮，再松 B 按钮		
	7. 精确测量	电桥初步平衡后，增大电桥灵敏度，按下 B、G 按钮，重新调节比较臂，使电桥平衡		
	8. 读取数据	被测电阻 R_x＝倍率×（步进盘读数＋滑线盘读数）		
	9. 测量完毕	（1）先断开检流计按钮； （2）断开电源按钮； （3）拆除被测电阻； （4）B₁ 放在"断"位置		
完工	10. 清理现场	器材摆放有序，作业环境清洁		
工作执行人签名：			工作监护人签名：	

3. 学习评价

对以上任务完成的过程进行评价见表 2.9.7。

表 2.9.7 　　　　　　　　　　　　　　学 习 评 价 表

自我评价	以上 10 个作业步骤，每完成一个步骤加 1 分，共计 10 分				得分：
小组评价	课前准备	安全文明操作	工作认真、专心、负责	团队沟通协作，共同完成工作任务	实训报告书写
	每项 2 分，共计 10 分				得分：
教师评价					

【知识认知】

1. 电桥的分类

电桥可分为直流电桥和交流电桥两大类。直流电桥又分为单臂电桥和双臂电桥两种。单臂电桥又称为惠斯登电桥，可以用来测量中值电阻；双臂电桥又称为开尔文电桥，通常用来测量低值电阻。

2. 电桥的结构原理

电桥是一种常用的比较式电工仪表，是根据电桥平衡的原理而制成的。它是将被测量与标准量（如标准电阻器、电感器、电容器）进行比较，从而获得被测量的大小，因此具有较高的灵敏度和测量准确度。

电桥的基本结构及原理见表 2.9.8。

表 2.9.8 　　　　　　　　　　　　电 桥 结 构 原 理

仪表	结 构 原 理	举 例
直流单臂电桥	如直流单臂电桥原理图所示，当接通电源开关 B 后，调节标准电阻 R_2、R_3、R_4，检流计指针指零。此时称电桥平衡。 电桥平衡时，被测电阻 R_x 等于比较臂电阻和比例臂电阻的乘积。即 $$R_x = \frac{R_2}{R_3} R_4$$ 电阻 R_2、R_3 的比值常配成固定的比例，称为电桥的比率臂（倍率），R_4 称为电桥的比较臂 直流单臂电桥原理图	QJ23 型直流单臂电桥外形 QJ23 型直流单臂电桥面板示意图

仪表	结　构　原　理	举　　例
直流双臂电桥	直流双臂电桥的原理电路见下图。为了消除接线电阻和接触电阻的影响，被测电阻 R_x 与标准电阻 R_n 都有两对端钮，即电流端钮 C_{n1}、C_{n2} 及 C_1、C_2，电位端钮 P_{n1}、P_{n2} 及 P_1、P_2；被测电阻 R_x 只包含在电位端钮之间；R_x 与 R_n 的电流端钮之间用一根阻值为 r 的粗导线连接起来；桥臂电阻 R_1、R_2、R'_1、R'_2 都是阻值大于 10Ω 的标准电阻。 　当电桥平衡（检流计指零）时，被测电阻 R_x 等于比较臂电阻 R_n 和比率臂电阻的乘积。即 $$R_x = \frac{R_2}{R_1}R_n$$ 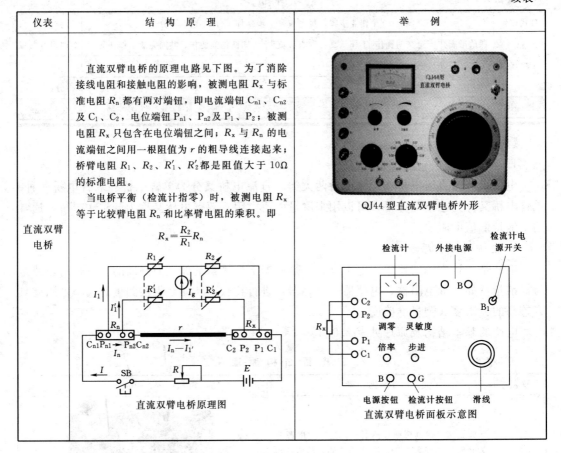 直流双臂电桥原理图	QJ44 型直流双臂电桥外形 直流双臂电桥面板示意图

【拓展学习】

小组同学分工合作，通过各种媒体资源，查找有关电桥应用的案例，完成以下任务。

（1）直流数字电桥的特点及应用。

（2）电桥应用案例。

任务 2.10　绝缘电阻表的使用

【一体化学习任务书】

工作负责人：＿＿＿＿＿＿＿＿＿

工作班组：＿＿＿＿＿＿班＿＿＿＿＿级＿＿＿＿＿组

1. **任务分析**

绝缘电阻表又称兆欧表、摇表，是一种专门测量电器设备绝缘电阻的便携式仪表，在电气安装、检修和试验中应用广泛。

绝缘电阻的高低是衡量电气设备绝缘性能好坏的重要参数，若绝缘电阻下降，泄露电流增大，将造成漏电、短路等事故，既导致设备不能正常运行，也威胁到操作人员的人身安全。因此必须对设备的绝缘电阻进行检查。

测量电气设备的绝缘电阻要根据电气设备的额定电压等级来选择仪表。因为万用表输出的电压较低，用于测量大电阻时，万用表的测量机构不能获得足够大的电流，不能真实反映出绝缘电阻的真正数值。因此，绝缘电阻需要使用具有高压电源的兆欧表进行测量。本任务学习兆欧表的功能、技术特性及正确使用。

本任务测试数据见表 2.10.1～表 2.10.3。

表 2.10.1　　　　　　　　　　　　变压器绝缘电阻测量数据

兆欧表类型			
测量项目	初级绕组对地绝缘电阻 /MΩ	次级绕组对地绝缘电阻 /MΩ	初、次级之间绝缘电阻 /MΩ
15s 时的测量值			
60s 时的测量值			
吸收比 $K = R_{60s}/R_{15s}$			
绝缘情况判断			

表 2.10.2　　　　　　　　　　　电动机绕组绝缘电阻测量数据

兆欧表类型						
测量项目	相间绝缘电阻/MΩ			每相绕组对机壳绝缘电阻/MΩ		
	A-B	B-C	C-A	A	B	C
15s 时的测量值						
60s 时的测量值						
吸收比 $K = R_{60s}/R_{15s}$						
绝缘情况判断						

表 2.10.3　　　　　　　　　　　电力电缆绝缘电阻测量数据

兆欧表类型			
测量项目	芯线 1	芯线 2	芯线 3
15s 时的测量值			
60s 时的测量值			
吸收比 $K = R_{60s}/R_{15s}$			
绝缘情况判断			

2. 任务实施

本任务实施见表 2.10.4～表 2.10.6。

表 2.10.4   电 工 作 业 工 作 票

工作任务：绝缘电阻表的使用			
工作时间：		工作地点：	
任务目标	1. 认识兆欧表的功能及技术特性 2. 能根据测量要求正确选择兆欧表 3. 能用兆欧表测量设备绝缘电阻，获得测量数据		
任务器材	仪器、仪表、工具		准备情况
任务器材	1. 仪表：万用表、兆欧表 2. 设备：电动机、变压器、电缆 3. 元器件：测试线、屏蔽环、绝缘手套		
预备知识 和技能	相关知识技能	相 关 资 源	
预备知识 和技能	1. 兆欧表特性及正确使用 2. 变压器基本结构 3. 电动机基本结构 4. 电缆基本构造	1. 教材：电工与电气测量实训教程 2. 作业票：工作票、申请票、操作票 3. 其他媒体资源	
工作票签发人签名：			

表 2.10.5   电 工 作 业 申 请 票

工作人员要求		作业前准备工作	
身体健康、精神饱满	爱护设备，保持环境清洁	掌握预备知识和技能	提前填写作业票相关内容
认真负责，团结协作	持作业票作业	清楚作业程序	做好安全保护措施
严格执行工作程序、规范及安全操作规程		准备好后提出作业申请	
作业执行人签名：			作业许可人签名：

表 2.10.6   电 工 作 业 操 作 票

学习领域：电工与电气测量		项目 2：常用电工仪器仪表使用及常用元器件识别	
任务 2.10：绝缘电阻表的使用			学时：2 学时
作 业 步 骤		作业内容及标准	作业标准执行情况
开工准备	1. 被测设备	(1) 额定电压； (2) 设备断电； (3) 放电（具有大电容的设备）； (4) 擦拭干净	
开工准备	2. 明确仪表技术特性	根据兆欧表技术特性，判断选用兆欧表是否适于测量被测设备绝缘电阻	
开工准备	3. 作业危险点分析	(1) 摇表未停止转动及被测设备未放电前，不能触及被测物的测量部分； (2) 测量时若发现指针指零，立即停止摇动	

续表

作业步骤		作业内容及标准		作业标准执行情况
兆欧表使用	4. 测试线选择	绝缘良好单芯导线，测量时测试线不能绞在一起		
	5. 兆欧表检查	L、E 端钮开路检查	指针指"∞"	
		L、E 端钮短接检查	指针指"0"	
	6. 接线	E 端钮与被测外壳相连	(1) 电机或变压器外壳； (2) 若测电缆芯线对地绝缘电阻，则非被测芯线和外皮连接并接地，E 接共同接地线	
		L 端钮与被测导体相连	(1) 电机或变压器绕组； (2) 若为电缆，则接一被测芯线	
		G 端钮接被测物保护环	(1) 接设备屏蔽层或外壳； (2) 若为电缆，G 接缠绕在被测芯线绝缘层上的保护环	
	7. 摇动手柄	由慢渐快，至额定转速	120r/min	
	8. 测量读数	边摇边读数		
	9. 测量完毕	(1) 放慢摇速； (2) 断开 L 线； (3) 停止摇动手柄； (4) 被测设备放电； (5) 拆除所有测试线和连接线		
完工	10. 清理现场	器材摆放有序，作业环境清洁		
工作执行人签名：			工作监护人签名：	

3. 学习评价

对以上任务完成的过程进行评价见表 2.10.7。

表 2.10.7　　　　　　　　　　学 习 评 价 表

自我评价	以上 10 个作业步骤，每完成一个步骤加 1 分，共计 10 分				得分：
小组评价	课前准备	安全文明操作	工作认真、专心、负责	团队沟通协作，共同完成工作任务	实训报告书写
	每项 2 分，共计 10 分				得分：
教师评价					

【知识认知】

1. 绝缘电阻表类型

兆欧表按工作原理分类，可分为手摇发电机式兆欧表和电子式兆欧表；按照读数方式分，有模拟式兆欧表和数字式兆欧表。

（1）手摇发电机式兆欧表：测量机构是磁电系比率表。抗干扰能力强，同一台兆欧表只有单一量程，由于发电机转速不均匀难以输出稳定的电压，测量误差和读数误差较大。

（2）电子式兆欧表：一般由直流电压变换器将电池电压转换为直流高压电作为测试电压，这个测试电压施加于被测物上产生的电流经电流电压转换器转换为相应的电压值，然后送入 D/A 转换器变为数字编码经微处理器计算处理，由显示器显示出相应的电阻值。可以选择多个电压等级，量程范围大，显示直观，精度较高。

（3）智能化兆欧表：采用单片机作为电路核心器件，可实现如自动更换量程、自动计算吸收比和极化指数、可选择绝缘测试时间、有历史数据记录保存功能、具有同微机的接口，可以进行数据上传以及仪器参数下载、超测量范围报警等多种功能。

图 2.10.1 为几种类型的兆欧表。

(a) 手摇发电机式　　　　　　　　　　　　　(b) 电子式

图 2.10.1　兆欧表图

2. 绝缘电阻表结构原理

图 2.10.2 为手摇发电机式兆欧表原理示意图，其主要由磁电系比率表和手摇直流发电机组成。磁电系比率表是一种特殊形式的磁电系测量机构，它的主要构造是一个永久磁铁和两个固定在同一转轴的线圈。当被测电阻 R_x 接在 "线"（L）和 "地"（E）两个端子上，摇动手摇发电机时，电流 I_1、I_2 分别流过两个线圈，通电线圈在永久磁铁磁场中受到电磁力的作用，动圈 1 产生转动力矩 $M_1 = I_1 f_1(\alpha)$，动圈 2 产生反作用力矩 $M_2 = I_2 f_2(\alpha)$，当 $M_1 = M_2$ 时，可动部分处于平衡状态，这时

$$\frac{I_1}{I_2} = \frac{f_1(\alpha)}{f_2(\alpha)} = f(\alpha)$$

因为偏转角 α 是两线圈电流 I_1、I_2 比值的函数，所以这种型式的仪表叫做比率型表。在电阻 R_1、R_2 和发电机电压 U 不变的情况下，流经动圈 2 的电流 I_2 不变，而流经动圈 1 的电流 I_1 随 R_x 增加而减少，所以可动部分的偏转角 α 能直接反映绝缘电阻的大小。

采用比率型测量机构的兆欧表的特点：

（1）如果在测量中手摇发电机的电压 U 大小有波动，I_1 和 I_2 将同时发生变化，只要 I_1、I_2 的比值保持不变，可动部分的偏转角也会保持不变，这可以保证在操作时绝缘电阻

表读数不因手摇速度的快慢而不同，这是比率表的一个特点。

（2）因为反作用力矩由电磁力来产生，没有游丝，因而在不通电时，指针可以停留在任意位置。

（3）兆欧表的标尺为不均匀反向刻度。

（4）兆欧表手摇发电机的开路电压（即兆欧表的额定电压）一般有 250V、500V、1000V、2500V、5000V 等，电压越高，测量的绝缘电阻越大。

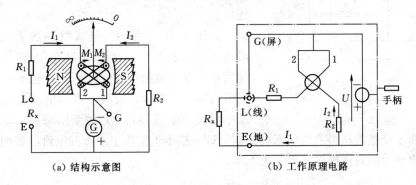

（a）结构示意图　　　　　　（b）工作原理电路

图 2.10.2　兆欧表原理示意图

1、2—动圈

3. 绝缘电阻表的选择原则

（1）额定电压选择。兆欧表额定电压应与被测电气设备或线路的工作电压相适应。选用兆欧表的额定电压过低，则测量结果不能正确反映被测设备的实际工作电压下的绝缘电阻；若选用兆欧表的额定电压过高，则易击穿被测设备的电气绝缘。表 2.10.8 例举了一些不同额定电压兆欧表的使用范围。

（2）测量范围的选择。不同型号的兆欧表有不同的额定电压及不同的测量范围，选择兆欧表测量范围的原则是不使测量范围过多地超出被测绝缘电阻的数值，以免读数时产生较大的误差。

表 2.10.8　　　　　　　　不同额定电压绝缘电阻表的使用范围

测量对象	被测设备的额定电压/V	兆欧表的额定电压/V
线圈绝缘电阻	<500	500
	≥500	1000
电力变压器、电机线圈绝缘电阻	≥500	1000～2500
发电机线圈绝缘电阻	≤380	1000
电气设备绝缘电阻	<500	500～1000
	≥500	2500
瓷瓶		2500～5000

4. 绝缘电阻表的使用

兆欧表的接线端钮有三个，分别为 L（线）、E（地）、G（屏），在进行一般测量时，

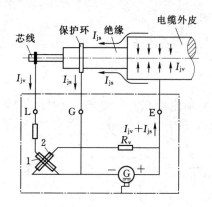

图 2.10.3　测量电缆绝缘电阻示意图
1、2—动圈

只要把被测量绝缘电阻接在 L 与 E 之间即可。但对测量表面不干净或潮湿、表面漏电严重的设备进行测量时，表面漏电电流通过兆欧表动圈会计入绝缘电阻中，为了准确测量绝缘材料的绝缘电阻，就必须使用 G 接线端钮。接线时，要用一个保护环与绝缘的外表面相连，保护环与兆欧表的 G 接线端钮连接。

　　如图 2.10.3 所示，绝缘材料的表面电流 I_{js}，沿绝缘电阻表面经 G 接线端钮而不经动线圈流回电源负极。反映被测材料体积电阻的电流 I_{jv} 则经绝缘电阻内部、L 端钮、线圈 1 回到电源负极。可见绝缘电阻表加接 G 端钮之后测量结果只反映体积电阻的大小，而不受被测材料表面状态的影响，即从根本上消除了表面漏电流的影响。

　　兆欧表使用的具体操作步骤见表 2.10.9。

表 2.10.9　　兆欧表使用步骤

测量步骤	说　明	图　示
被测物测量前的处理	（1）应将电器设备的电源断开，并将设备导电部分放电，以保证安全； （2）被测设备的表面应擦拭干净，以保证测量准确	屏蔽端 G　线路端 L　接地端 E　手柄 兆欧表外形
检查兆欧表	（1）兆欧表水平放置，将"L"端、"E"端开路，额定转速（120r/min）下，指针应指"∞"； （2）将"L"端、"E"端短接，轻摇手柄，指针应指"0"； （3）如果指针位置不对，表明兆欧表有故障，必须检修后才能使用。	120r/min 兆欧表开路试验
接线	（1）"L"端与被测物和大地绝缘的导体部分相连； （2）"E"端与被测物的外壳或其他导体部分相连； （3）"G"端与被测物上屏蔽环或其他不需测量的部分相连。（"G"端是为了屏蔽表面电流，防止漏电干扰而设的保护端，其只在被测物表面漏电很严重的情况下才使用） （4）测量连接线需用绝缘良好的单股导线，不得用绞线	120r/min 兆欧表短路试验
测量开始	将兆欧表水平放置，摇动手柄应由慢渐快，若发现指针为零，说明被测绝缘物可能发生了短路，此时应立即停止摇动，以防电流过大烧坏表内线圈	

续表

测量步骤	说　　明	图　　示
正确测取读数	摇动手柄转速应接近发电机的额定转速（一般为 120r/min ± 20%），稳定摇动 1min 后读数。注意：读数时不能停止摇动，要边摇边读数	120r/min 测电机绝缘电阻
测量完毕，拆线	（1）在兆欧表停止转动前和被测设备充分放电之前，不能用手触及被测设备的导电部分或拆除导线； （2）若被测设备含有储能元件如电容，需将被测设备对地短路放电后再拆线，以保证设备和人身的安全	E G L 屏蔽环 测表面泄漏电流严重设备的绝缘电阻

【拓展学习】

小组同学分工合作，通过各种媒体资源，查找有关绝缘电阻表应用的案例，完成以下任务。

（1）电气设备绝缘电阻降低的原因。

（2）接地电阻测量仪的使用方法。

（3）数字式兆欧表的特点及其使用方法。

任务 2.11　电路元件识别与检测

【一体化学习任务书】

工作负责人：_____

工作班组：_____ 班 _____ 级 _____ 组

1. 任务分析

任何复杂的整机产品都是由一些独立的元器件（电阻器、电感器、电容器、晶体管及集成电路等）组成，正确地选择和使用元器件是保证电路良好运行的重要条件。本任务学习电阻器、电容器、电感器的性能参数及测试方法。

本任务测试数据见表 2.11.1～表 2.11.3。

表 2.11.1　　　　　　　　　　　电阻器阻值识读及测试

色环标注电阻				直标电阻			
色环颜色	标称阻值	允许偏差	实测阻值	文字符号	标称阻值	允许偏差	实测阻值

表 2.11.2　　　　　　　　　电容器的识读与检测

电容器上标注符号	电容器类型	额定工作电压	标称容量	允许偏差	质量检测

表 2.11.3　　　　　　　　　电感器的识读与检测

电感器上标注符号	电感器类型	电感量	直流电阻测量值	质量判别

2. 任务实施

本任务实施见表 2.11.4~表 2.11.6。

表 2.11.4　　　　　　　　　电 工 作 业 工 作 票

工作任务：电路元件识别与检测			
工作时间：		工作地点：	
任务目标	1. 能识读电阻器参数，能用万用表检测电阻器质量 2. 能识读电容器参数，能用万用表检测电容器质量 3. 能识读电感器参数，能用万用表粗测电感器好坏		
任务器材	仪器、仪表、工具		准备情况
	1. 仪表：指针式万用表，数字式万用表 2. 元器件：各种规格电阻器和电位器，各种规格电容器，各种规格电感器和小变压器		
预备知识和技能	相关知识技能	相关资源	
	1. 万用表的使用方法 2. 电阻、电容、电感元件的性能参数及测试方法	1. 教材：电工与电气测量实训教程 2. 作业票：工作票、申请票、操作票 3. 其他媒体资源	
工作票签发人签名：			

表 2.11.5　　　　　　　　　电 工 作 业 申 请 票

工作人员要求		作业前准备工作	
身体健康、精神饱满	爱护设备，保持环境清洁	掌握预备知识和技能	提前填写作业票相关内容
认真负责，团结协作	持作业票作业	清楚作业程序	做好安全保护措施
严格执行工作程序、规范及安全操作规程		准备好后提出作业申请	
作业执行人签名：		作业许可人签名：	

表 2.11.6　　　　　　　　　　　电 工 作 业 操 作 票

学习领域：电工与电气测量			项目 2：常用电工仪器仪表使用及常用元器件识别	
任务 2.11：常用元器件识别与检测				学时：2 学时
作业步骤		作业内容及标准		作业标准执行情况
电阻器识别与检测	1. 电阻器主要参数	(1) 型号	各参数含义识读正确	
		(2) 标称阻值		
		(3) 允许偏差		
		(4) 额定功率		
	2. 色环电阻识别	(5) 四环电阻识别	各色环含义识读正确	
		(6) 五环电阻识别		
	3. 电阻值测量	(7) 用万用表测量电阻阻值	测量方法及读数正确，质量判别正确	
	4. 电位器检测	(8) 用万用表检测电位器	测量方法及读数正确，质量判别正确	
电容器识别与检测	5. 电容器识读	(1) 类型及应用	识读正确	
		(2) 直标电容器识读		
		(3) 数码标注电容器识读		
	6. 电解电容器检测	(4) 用万用表检测电容器极性	测量方法正确	
		(5) 质量判别	质量判别正确	
电感器识别与检测	7. 电感器识读	(1) 类型及应用		
		(2) 电感器识读		
	8. 电感线圈检测	(3) 用万用表检测线圈质量		
工作执行人签名：			工作监护人签名：	

3. 学习评价

对以上任务完成的过程进行评价见表 2.11.7。

表 2.11.7　　　　　　　　　　　学 习 评 价 表

自我评价	以上每个作业项目的作业步骤，每错一个步骤减 1 分，共计 10 分				得分：
小组评价	课前准备	安全文明操作	工作认真、专心、负责	团队沟通协作，共同完成工作任务	实训报告书写
	每项 2 分，共计 10 分				得分：
教师评价					

【知识认知】

1. 电阻器

(1) 电阻器作用。电阻器一般是利用有一定电阻率的材料制成，电流流过电阻时，电阻器对电流呈现阻力作用，阻碍作用的大小用电阻值 R 衡量，阻值的基本单位是欧姆（Ω）；电阻器是耗能元件，其消耗电能转换为热能。电阻器常用来稳定和调节电流和电压或作为负载等。

（2）电阻器的类别和特点。电阻器的种类繁多，通常可分为固定电阻器、可变电阻器和敏感电阻器三大类。几种常用电阻器种类及特点见表 2.11.8。

表 2.11.8　　　　　　　　　　　　　　电　阻　器　种　类　特　点

分类	符号	图　　示	特　　　点
固定电阻	—⊏R⊐—	碳膜电阻器	碳膜电阻器：成本低、性能稳定、阻值范围宽、高频特性好
		金属膜电阻器	金属膜电阻器：精度高、稳定性好、阻值范围宽、体积小、噪声低
		金属氧化膜电阻器	金属氧化膜电阻器：稳定性好，性能可靠，过载能力强，功率大，但阻值范围小
		水泥电阻器	水泥电阻器：耐震、耐热、耐湿、散热性好，价格低
		玻璃釉电阻器	玻璃釉电阻器：耐高温、耐潮湿、稳定、噪声小、阻值范围大
		线绕电阻器	线绕电阻器：噪声小，稳定可靠，精度高，耐高温，功率范围大，但体积大，高频性能差
		贴片电阻器	贴片电阻器：体积小，精度高，稳定性好，温度系数小

续表

分类	符号	图 示	特 点
可变电阻器	R_P	碳膜电位器	碳膜电位器：阻值范围宽，滑动噪声大、耐热耐湿性不好、价格低廉
		线绕电位器	线绕电位器：功率大、噪声低、精度高、稳定性好；阻值范围不够宽、高频性能差、分辨力不高
		有机实芯电位器	有机实芯电位器：分辨率高、阻值范围宽、过载能力强、可靠性高；噪声大、温度稳定性差
		金属玻璃釉电位器	金属玻璃釉电位器：阻值范围宽，可靠性高，高频特性好、电阻温度系数小
		单联 双联	单联电位器：由一个独立的转轴控制一组电位器；双联电位器：通常是将两个规格相同的电位器装在同一转轴上，调节转轴时，两个电位器的滑动触点同步转动。也有部分双联电位器为异步异轴
敏感电阻	R_T θ	热敏电阻	热敏电阻器：在工作温度范围内，电阻值随温度的升高而降低的是负温度系数（NTC）热敏电阻器；电阻值随温度上升而增加的是正温度系数（PTC）热敏电阻器
	R_V U	压敏电阻	压敏电阻器：是对电压变化很敏感的非线性电阻器。当端电压低于某一阈值时，电阻器阻值呈无穷大状态；超过此阈值时，其阻值急剧下降，使电阻器处于导通状态
	R_L	光敏电阻	光敏电阻器：阻值随着光线的强弱而发生变化的电阻器。分为可见光光敏电阻、红外光光敏电阻、紫外光光敏电阻

（3）电阻器的主要参数。

1）标称阻值：在电阻器表面标出的阻值称为标称阻值。国家标准规定出一系列的标称阻值。

2）允许偏差：电阻器的实际阻值对于标称值的最大允许偏差范围称为允许偏差，一般用标称阻值与实际阻值之差除以标称阻值所得百分数表示。

3）额定功率：在规定的环境温度和湿度下，能长期连续正常工作所允许消耗的最大功率。

对有特殊要求的电阻器，需要考虑其他指标，如最高工作温度、最高工作电压、噪声、温度特性、高频特性等。

（4）电阻器的识读方法。电阻器主要参数要标注在电阻器上以供识别。常用的标注方法有直标法、文字符号法、数码法和色标法。

1）直标法。直标法是将电阻的阻值和允许偏差直接标注在电阻器的表面。例如 5.1kΩ±5％1W，表示电阻器的标称阻值为 5.1kΩ，允许偏差值为±5％，额定功率为 1W。

2）文字符号法。将标称阻值和容许偏差用文字、数字符号或两者有规律组合标注在电阻表面上。

其中几种电阻器的型号标志见表 2.11.9。

表 2.11.9　　　　　　　　　　　　　　几种电阻器的型号标志

第一部分　主称		第二部分　电阻体材料		第三部分　特征		第四部分　序号
符号	含义	符号	含义	符号	产品类别	用数字表示
R	电阻器	T	碳膜	1	普通	对材料特征相同，仅尺寸性能指标略有差别，但基本不影响互换使用的产品，给予同一序号
		J	金属膜	2	普通	
		Y	金属氧化膜	3	超高频	
		I	玻璃釉膜	4	高阻	
		H	合成膜	5	高温	
		S	有机实芯	7	精密	
		N	无机实芯	8	高压	
		X	线绕	9	特殊	

表示单位并兼做小数点的文字符号为：R 表示 Ω，K 表示 kΩ $=10^3\Omega$，M 表示 MΩ$=10^6\Omega$，G 表示 GΩ $=10^9\Omega$，T 表示 TΩ $=10^{12}\Omega$。其中文字符号前面的数字表示整数值，后面的数字表示小数值。例如：R12 表示 0.12Ω，3R2 表示 3.2Ω，2K7 表示 2.7 kΩ，8M 表示 8MΩ。

表示允许偏差的文字符号见表 2.11.10。

表 2.11.10　　　　　　　　　　　文字符号表示允许偏差

文字符号	允许偏差	文字符号	允许偏差
W	±0.05%	J	±5%
B	±0.1%	K	±10%
C	±0.25%	M	±20%
D	±0.5%	R	+100 −10
F	±1%	S	+50 −20
G	±2%	Z	+80 −20

例如，图 2.11.1 所示为电阻器上标注符号"RX21 - 8W - 120RJ"及其含义。

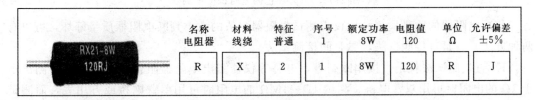

图 2.11.1　电阻器文字符号标注含义示例

3）数码法。数码法用 3 位数字表示阻值。从左至右，前两位数字表示数值的有效数字，第三位数字表示 10 的乘方数 $10^n(n=0\sim8)$。当 $n=9$ 时为特例，表示 10^{-1}。数码法标注时，电阻电位为欧姆，片状电阻多用数码法。例如 100 表示其阻值为 $10\times10^0=10\Omega$，223 表示其阻值为 $22\times10^3=22\text{k}\Omega$。

4）色标法。色标法是用不同颜色的色环在电阻器表面标出标称阻值和允许偏差。色标由左向右排列，由密的一端读起。普通电阻器用 4 条色环表示标称阻值和允许偏差，精密电阻器用 5 条色环表示标称阻值和允许偏差。色标法表示的单位是欧姆。各色环颜色代表的数字及数字意义如图 2.11.2 所示。

颜色	黑	棕	红	橙	黄	绿	蓝	紫	灰	白	金	银
数字	0	1	2	3	4	5	6	7	8	9		
倍率	10^0	10^1	10^2	10^3	10^4	10^5	10^6	10^7	10^8	10^9	10^{-1}	10^{-2}
四环电阻误差/%										±5	±10	±20
五环电阻误差/%		±1	±2			±0.5	±0.25	±0.1				

图 2.11.2　电阻器色环颜色含义

例如，图 2.11.3 及图 2.11.4 分别为四环电阻和五环电阻识读示例。

图 2.11.3　四环色码电阻识读示例

图 2.11.4　五环色码电阻识读示例

（5）电阻器的质量检测。用仪表测试电阻器阻值的大小判断电阻器质量好坏，可以有两种方法：一是直接测试法，二是间接测试法。

1）直接测试法就是直接用欧姆表、电桥等仪器测出电阻器阻值的方法。通常测试小于 1Ω 的电阻时可用双臂电桥，测试 1Ω～1MΩ 的电阻时可用单臂电桥或万用表，而测试 1MΩ 以上的大电阻时应使用兆欧表。

2）间接测试法就是通过测试电阻器两端的电压及流过电阻器的电流，再利用欧姆定律计算电阻器的阻值（$R=U/I$）。此方法常用于带电电路中电阻器阻值的测试。

2. 电容器

（1）电容器作用。电容器是一种储能元件，其将电能转换为电场能储存在电容器中，电容器储存电荷的能力称为电容量，电容量 C 的基本单位是法拉（F）。用不导电的绝缘介质隔开的两个互相靠近的导体就构成了一个电容器，其基本功能有：①隔直流作用，阻止直流电流流过；②耦合作用，用于传输交流电流；③滤波作用，用于滤除噪波干扰；④谐振作用，与电感器组合构成谐振电路，用于信号调谐和选频；⑤计时，与电阻器配合使用，确定电路的时间常数；⑥储存电能，用于需要时作为电源提供电能。

（2）电容器的类别和特点。电容器按其容量是否可变可分为固定电容器和可变电容器；还可按介质或用途分类。常见电容器种类及特点见表 2.11.11。

表 2.11.11　　　　　　　　　　　常见电容器种类及特点

名　称	图　示	特　点
瓷片电容器	$C \dashv\vdash$	体积小，损耗小，高频特性好，容量小，耐压较低

续表

名　　称	图　　示	特　　点
独石电容器	C	温度特性好，频率特性好，电容量大、电容量稳定
涤纶电容器	C	体积小，容量大，耐热耐湿
铝电解电容器	C +	容量大，耐压高，损耗大，漏电大，稳定性差，有正负极性
钽电解电容器	C +	体积小，容量大，耐压高，寿命长，损耗低，漏电小，使用温度范围宽，频率特性好，性能稳定，有正负极性
贴片电容器	C	单位体积电容量大
可变电容器	C	电容容量在一定范围内可调节

（3）电容的主要参数。电容的主要参数如下：

额定工作电压：是电容器在规定的工作温度范围内，长期可靠工作所能承受的最高电压。

标称容量：电容器外壳表面上标出的容量值，即为电容器的标称容量，其是按国家规定的系列标注的。

允许偏差：是实际容量与标称容量之差与标称容量的比值。

（4）电容器的识读方法。电容器参数的标注主要有直标法、文字符号法、数码法、色标法。

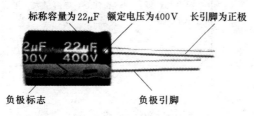

图 2.11.5　电容器直标法标注示例

1）直标法。直标法是将电容器的容量、耐压及误差直接标注在电容上。一般电解电容都直接写出其容量和耐压值。示例如图 2.11.5 所示。

2）文字符号法。用数字、文字符号有规律的组合来表示电容量、额定电压及允许偏差。例如电容器上标注为 $3\mu3$，表示容量为 $3.3\mu F$。

3）数码法。一般用 3 位数字表示电容器容量的大小，单位是 pF。其中前两位数字为有效数字，第三位表示倍乘数（若第三位是 9，则表示 10^{-1}），其单位为 pF。示例如图 2.11.6 所示。

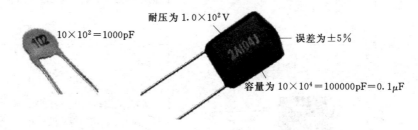

图 2.11.6　电容器数码法标注示例

4）色标法。色标法是指以不同颜色的色环或点在电容体上标出产品的主要参数。其颜色和识别方法与电阻色码表示法一样，单位为 pF。色码的读码方向是：从电容器顶部向引脚方向读。

例如：某个电容器第 1、2、3 的色环分别为棕、绿、黄，则电容器标称电容量为：$15 \times 10^4 pF = 0.15\mu F$。

（5）电容器质量的简单测试。电容器的主要故障有击穿、短路、漏电、容量减小等。其质量判定可以用万用表检测电容容量的方法。

用数字万用表检测电容器的容量，将测量值与标称值进行比较判断出电容器质量好坏。用指针式万用表的欧姆挡测量大容量电容器的漏电阻，根据表针摆动的情况判断其质量。具体方法是：选用 $R \times 100$ 挡或 $R \times 1K$ 挡，将表笔接至电容器两管脚，刚接触时，指针偏转，然后逐渐返回∞处，这就是电容的充放电现象。指针的摆动越大，容量越大，指针稳定后所指示的值就是漏电电阻值，阻值越大，电容的绝缘性能越好。

对于失去标注的电解电容器极性，通过测量漏电阻可判断出其极性，具体方法是：分两次对换表笔测量电容器的漏电阻，比较两次测量的漏电阻值，阻值较大的一次黑表笔所接的是电解电容器的正极。

3. 电感器

（1）电感器作用。电感器是一种储能元件，它可以把电能转换成磁场能储存起来。电感器是利用电磁感应原理制成的元件，可以分为应用自感作用的电感器和应用互感作用的互感器两种。其基本功能有：①电感线圈对交流有限流作用，它与电阻器或电容器能组成高通或低通滤波器、移相电路及谐振电路等；②互感器可以进行交流耦合、变压、变流和阻抗变换等。

（2）电感器的类别和特点。按电感量是否可调分为固定电感器、可变电感器，按导磁体性质分为空芯电感器、铁芯（或磁芯）电感器、铜芯电感器，按工作频率分为高频电感器、低频电感器等。

常见电感器种类及特点见表 2.11.12。

表 2.11.12　　　　　　　　　　　　常见电感器种类和特点

名称	图　　示	特　　点
空芯线圈		结构简单，电感量精度高，分布电容小，自谐频率高，温度系数小，稳定性好，抗干扰能力强，常应用在高频电路中
磁芯电感		在铁氧体磁芯上绕制线圈，增大导磁率，从而增加电感量，提高品质因数，存在磁滞损耗。环形铁氧体磁芯由于没有气隙，磁阻小，因此磁效应很高
色码电感		属于固定电感量的小型电感。将线圈直接绕制在磁芯上后封装，电感范围大，结构坚固，可靠度高。外壳上标注色环或色点表明电感量大小
可调电感		电感量可以调节
贴片电感		小型化，高品质，高能量储存和低电阻之特性
电源变压器		E 型变压器的磁路气隙较大，效率较低，噪声大，抗磁饱和能力强，成本低；环形变压器铁芯无气隙，磁阻小，效率高，磁干扰小，噪声较小，抗磁饱和能力差；R 型变压器体积小，重量轻，损耗小，效率高，无噪声，可靠性高

（3）电感器的主要参数：

1）电感量。电感量 L 是衡量电感线圈存储磁场能量能力的物理量，其大小与线圈结构及周围介质磁导率有关。线圈匝数越多、绕制的线圈越密集，电感量越大；空芯线圈的电感量为常数，称为线性电感；若加入铁芯，可大大增加电感量，但却引起了非线性，并产生铁芯损耗。铁芯导磁率越大的线圈，电感量也越大。电感量的基本单位是亨利（简称亨），用字母"H"表示。

2）允许偏差。允许偏差是指电感器上标称的电感量与实际电感的允许误差值。

3）品质因数。品质因数 Q 是电感线圈每周期储存能量与损耗能量之比，也可以表达为电感器在某一频率的交流电压下工作时，所呈现的感抗与其等效损耗电阻之比，Q 值越高，损耗越小，效率越高。LC 电路中用高 Q 值的线圈与电容组成的谐振电路有更好的谐振特性，但在电力系统中谐振时产生的高电压会导致电感器的绝缘及电容器的绝缘介质击穿烧毁。

4）额定电流。额定电流是指电感器正常工作时允许通过的最大电流值。

5）分布电容。分布电容是指线圈的匝与匝之间、多层绕组的层与层之间以及线圈与磁芯之间存在的电容。分布电容的存在会使线圈的等效总损耗电阻增大，品质因数 Q 降低；变压器在初级和次级之间存在的分布电容，将直接影响变压器的高频隔离性能。

（4）电感器的识读：

1）直标法。直标法是将电感器的标称电感量用字符直接标注在电感器的外壳上。

2）文字符号法。文字符号法是将电感器的标称值和允许偏差值用数字和文字符号法按一定的规律组合标示在电感体上。示例如图 2.11.7 所示，其中"R"表示小数点，单位为 μH，"K"代表允许偏差。

3）数码法。数码标示法是用三位数字来表示电感器电感量的标称值。在三位数字中，其中前两位数字为有效数字，第三位表示倍乘数，其单位为 μH。示例如图 2.11.8 所示。

电感量 8.2μH　　允许偏差±10%

图 2.11.7　电感器文字符号标注示例

电感量 $10\times10^2=1000\mu H$　　允许偏差±5%

图 2.11.8　电感器数码标注示例

4）色标法。色标法是指在电感器的外壳上用不同的色环来标注其主要参数，单位为 μH。示例如图 2.11.9 所示。

黄色、紫色代表　黑色代表　银色代表
有效值 47　　倍乘为 10^0　误差为±10%

47μH±10%

图 2.11.9　电感器色标法识读示例

（5）电感器的简单检测。用万用表欧姆挡测量电感线圈的阻值来判断其质量好坏，即检测电感器是否有短路、断路或绝缘不良等情况。若测量出一定的阻值并且在正常范围内，说明该电感器正常；若测得的阻值为无穷大，说明内部线圈或引出端已经断路，电感器已损坏；若测得的阻值偏小或阻值为零，说明内部线圈有短路现象。有些型号的万用表具有测量电感器的功能，可以直接测出电感量的大小。

【拓展学习】

小组同学分工合作，通过各种媒体资源，查找有关电路元件识别与检测的案例，完成以下任务。

（1）电力电容器的作用。

（2）变压器参数识读与检测。

项目3   直流电路分析与测试

知识目标：

1. 掌握电路的基本物理量及其测试方法。

2. 掌握电路基本连接及其工作情况的基本分析。

3. 掌握电路图的基本识读方法。

4. 掌握电工测量方法的分类及其正确选用。

能力目标：

1. 具备从事电工工作安全、规范、严格、有序的操作意识。

2. 具备按图接线和装接工艺的基本技能。

3. 具备调试简单电路实验或简单电路故障排除的能力。

4. 具备正确观察、读取实验现象及实验数据以及分析和判断实验结果合理性的能力。

5. 具备整理分析实验数据，撰写实验报告的能力。

任务3.1   电阻元件伏安特性测试

【一体化学习任务书】

工作负责人：＿＿＿＿＿＿

工作班组：＿＿＿＿＿＿班＿＿＿＿＿＿级＿＿＿＿＿＿组

1. 任务分析

电阻元件的伏安特性是指该元件两端的电压 U 与流过元件的电流 I 之间的函数关系 $U = f(I)$。根据伏安特性的不同，电阻元件分为线性电阻和非线性电阻，而线性电阻元件的伏安特性符合欧姆定律。本任务用电压表、电流表测试电阻元件的伏安特性称为伏安测量法（伏安表法）。

本任务实训电路图如图 3.1.1 所示。

本任务测量内容及测量数据见表 3.1.1 及表 3.1.2。

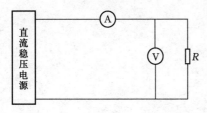

图 3.1.1   测试电阻元件伏安特性

表 3.1.1   线性电阻伏安特性测试数据

U/V	0	2	4	6	8	10
I/mA						

表 3.1.2 　　　　　　　　　　**白炽灯伏安特性测试数据**

U/V	0	1	2	3	4	5
I/mA						

2. 任务实施

本任务实施见表 3.1.3～表 3.1.5。

表 3.1.3 　　　　　　　　　　**电 工 作 业 工 作 票**

工作任务：电阻元件伏安特性测试			
工作时间：		工作地点：	
任务目标	1. 能用伏安表法测试电阻元件伏安特性 2. 掌握万用表、直流电压表、直流电流表、直流稳压电源的使用 3. 掌握欧姆定律		
任务器材	仪器、仪表、工具		准备情况
	1. 电源：直流稳压电源 2. 仪表：万用表、直流电压表、直流电流表 3. 元器件：线性电阻器（200Ω/8W，1kΩ/8W）、小灯泡 12V		
预备知识和技能	相关知识技能		相关资源
	1. 电路元件伏安特性 2. 万用表、直流电压表、直流电流表、直流稳压电源的使用方法 3. 欧姆定律		1. 教材：电工与电气测量实训教程 2. 作业票：工作票、申请票、操作票 3. 其他媒体资源
工作票签发人签名：			

表 3.1.4 　　　　　　　　　　**电 工 作 业 申 请 票**

工作人员要求		作业前准备工作	
身体健康、精神饱满	爱护设备，保持环境清洁	掌握预备知识和技能	提前填写作业票相关内容
认真负责，团结协作	持作业票作业	清楚作业程序	做好安全保护措施
严格执行工作程序、规范及安全操作规程		准备好后提出作业申请	
作业执行人签名：			作业许可人签名：

表 3.1.5 　　　　　　　　　　**电 工 作 业 操 作 票**

学习领域：电工与电气测量		项目 3：直流电路分析与测试	
任务 3.1：电阻元件伏安特性测试			学时：2 学时
作 业 步 骤		作业内容及标准	作业标准执行情况
开工准备	1. 测试电路元件	检测电路元件：用万用表测量阻值	
	2. 使用直流稳压电源	掌握直流稳压电源使用	
	3. 实验线路图	识读测试电阻伏安特性线路图	
	4. 作业危险点	稳压电源输出端切勿短路，电源极性不要接错	

作 业 步 骤		作业内容及标准		作业标准执行情况
电阻伏安特性测试	5. 线路装接	按图接线	线路连接正确	
	6. 测试线性电阻器电压、电流	通电，调节稳压电源输出电压，从0V开始缓慢的增加至需要的值，记录相应电流值		
	7. 测试白炽灯电压、电流	通电，调节稳压电源输出电压，从0V开始缓慢的增加至需要的值，记录相应电流值		
	8. 测试数据分析	分析测试数据，得出结论		
	9. 作业结束	断电拆线		
完工	10. 清理现场	器材摆放有序，作业环境清洁		
工作执行人签名：				工作监护人签名：

3. 学习评价

对以上任务完成的过程进行评价见表3.1.6。

表 3.1.6　　　　　　　　学 习 评 价 表

自我评价	以上10个作业步骤，每完成一个步骤加1分，共计10分				得分：
小组评价	课前准备	安全文明操作	工作认真、专心、负责	团队沟通协作，共同完成工作任务	实训报告书写
	每项2分，共计10分				得分：
教师评价					

【知识认知】

1. 电流

电荷的定向移动形成电流。电流是一种客观的物理现象，人们通过它的各种效应（如热效应、磁效应、机械效应和化学效应等）觉察它的存在。

电流的大小用电流强度来衡量。单位时间内通过导体横截面的电荷量称为电流强度，简称电流。电流的实际方向规定为正电荷移动的方向。

在国际单位制中，电流的单位是安培（A），以及千安（kA）、毫安（mA）、微安（μA）等单位。换算关系为：$1A = 10^{-3}kA = 10^3 mA = 10^6 \mu A$。

2. 电压

带电体的周围存在电场，电场对处在电场中的电荷有力的作用，称之为电场力。电压是衡量电场力做功能力的物理量。电路中A、B两点电压U_{AB}的大小等于电场力把单位正电荷从电路A点移到B点所做的功。电压的实际方向规定为由高电位端指向低电位端。

在国际单位制中，电压的单位是伏特（V），以及千伏（kV）、毫伏（mV）、微伏（μV）等，其换算关系为：$1V = 10^{-3}kV = 10^3 mV = 10^6 \mu V$。

3. 电路元件伏安特性

任何一个二端元件上的端电压U与通过该元件的电流I之间的函数关系$U = f(I)$称为该元件的伏安特性，该函数关系用U—I平面上的一条曲线来表征，这条曲线称为伏安特性曲线。线性电阻元件的伏安特性曲线是一条通过坐标原点的直线，其阻值为常数；非线性电阻元件的伏安特性是一条经过坐标原点的曲线，其阻值不是常数。

4. 欧姆定律

欧姆定律是电路的基本定律之一，适用于线性电路。其内容为：电路中的电流 I 与电阻两端的电压 U 成正比，与电阻阻值 R 成反比。即

$$I = \frac{U}{R}$$

任务 3.2　电路中电位、电压的测定

【一体化学习任务书】

工作负责人：＿＿＿＿＿＿

工作班组：＿＿＿＿＿＿班＿＿＿＿＿＿级＿＿＿＿＿＿组

1. 任务分析

电压是衡量电场力做功能力大小的物理量，电压是形成电流的条件。电路中每一点都对应一定的电位，电路中任一点的电位等于该点对参考点的电压。本任务用电压表测试电路中两点间的电压以及电路中各点相对于参考点的电位。

本任务实训电路图如图 3.2.1 所示。

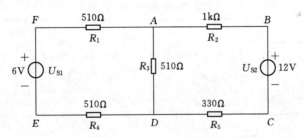

图 3.2.1　电位、电压的测定电路图

本任务测量内容及测量数据见表 3.2.1。

表 3.2.1　　　　　　　　　　　**电位、电压的测试数据**

电位参考点	电位测量/V						电压测量/V					
	V_A	V_B	V_C	V_D	V_E	V_F	U_{AB}	U_{BC}	U_{CD}	U_{DE}	U_{EF}	U_{FA}	U_{AD}
以＿点为参考点												
以＿点为参考点												
结论												

2. 任务实施

本任务实施见表 3.2.2～表 3.2.4。

表 3.2.2 电 工 作 业 工 作 票

工作任务：电路中电位、电压的测定			
工作时间：		工作地点：	
任务目标	1. 根据工作内容正确选择和使用仪器、仪表 2. 读懂电路图 3. 会按图接线 4. 会测试电路中的电压和电位 5. 分析测试数据，得出关于电位、电压及其关系的结论		
任务器材	仪器、仪表、工具		准备情况
	1. 电源：双路直流稳压电源 2. 仪表：直流数字电压表，万用表 3. 电位、电压测定实验线路板		
预备知识和技能	相关知识技能		相关资源
	1. 直流稳压电源的使用和注意事项 2. 直流电压表、万用表的使用和注意事项 3. 电路中电位、电压的概念及其关系 4. 电路中电位的相对性、电压的绝对性的物理意义 5. 参考点、参考方向的含义		1. 教材：电工与电气测量实训教程 2. 作业票：工作票、申请票、操作票 3. 其他媒体资源
工作票签发人签名：			

表 3.2.3 电 工 作 业 申 请 票

工作人员要求		作业前准备工作	
身体健康、精神饱满	爱护设备，保持环境清洁	掌握预备知识和技能	提前填写作业票相关内容
认真负责，团结协作	持作业票作业	清楚作业程序	做好安全保护措施
严格执行工作程序、规范及安全操作规程		准备好后提出作业申请	
作业执行人签名：			作业许可人签名：

表 3.2.4 电 工 作 业 操 作 票

学习领域：电工与电气测量		项目3：直流电路分析与测试	
任务 3.2：电路中电位、电压的测定			学时：2 学时
作 业 步 骤		作业内容及标准	作业标准执行情况
开工准备	1. 电路元件情况	检测电路元件　　　用万用表检测电阻	
	2. 调节直流稳压电源电压	(1) 调节两路直流电压分别为：6V，12V（用直流数字电压表监测）； (2) 电压调节完毕，直流电源开关断开	
	3. 电路图	识读电路原理图　　　读懂并正确绘出	
	4. 作业危险点	稳压电源输出端切勿短路 电源极性不要接错	

续表

作 业 步 骤		作业内容及标准		作业标准执行情况
电位、电压测量	5. 线路装接	按图接线	线路连接正确	
	6. 电路电压测量	通电：合上电源开关		
		按照选定电压参考方向，直流电压表正极接高电位端，负极接低电位端		
		记录测试数据		
	7. 电路电位测量	电压表负极接选定电路参考点		
		电压表正极接电路被测各点		
		记录测试数据		
	8. 测试数据分析	分析测试数据，得出结论		
	9. 作业结束	断电拆线		
完工	10. 清理现场	器材摆放有序，作业环境清洁		
工作执行人签名：			工作监护人签名：	

3. 学习评价

对以上任务完成的过程进行评价见表 3.2.5。

表 3.2.5　　　　　　　　　　　学 习 评 价 表

自我评价	以上 10 个作业步骤，每完成一个步骤加 1 分，共计 10 分				得分：
小组评价	课前准备	安全文明操作	工作认真、专心、负责	团队沟通协作，共同完成工作任务	实训报告书写
	每项 2 分，共计 10 分				得分：
教师评价					

【知识认知】

1. 电位、电压

电路中任一点的电位等于该点与参考点之间的电压。参考点选定后，电路中某点的电位就是一个固定值，这是电位的单值性。参考点选择不同，电路中同一点的电位值不同，这是电位的相对性。电路中的电压就是电路中任意两点之间的电位差，其与参考点的选择无关，这是电压的绝对性。

2. 电位、电压测量

用电压表可以测量出电路中各点相对于参考点的电位以及任意两点间的电压。

电压的测量方法：用直流数字电压表测量电路中两点间电压时，需要按照规定的参考方向进行测量。如测量 U_{AB} 时，电压表正极端接 A 点、负极端接 B 点，若数字电压表显示正值，表示电压的实际方向与参考方向一致，即 A 点电位比 B 点高；若数字电压表显示负值，表示电压的实际方向与参考方向相反，即 A 点电位比 B 点低。

电位的测量方法：直流电压表测量电路中各点电位时，将直流电压表的负极端接电位参考点，将正极端接电路中被测各点。若数显正值，则表明该点电位高于参考点电位，反之表明该点电位低于参考点电位。

任务 3.3　电阻串并联电路测试

【一体化学习任务书】

工作负责人：_____

工作班组：_____班_____级_____组

1. 任务分析

任何复杂的电路都是由电路元件串联、并联连接而成，掌握串并联电路的基本规律，是正确分析电路工作情况的基础。本任务通过测试电阻串并联电路的电流和电压，从中得出电阻串并联电路的基本规律。

本任务实训电路图如图 3.3.1 所示。

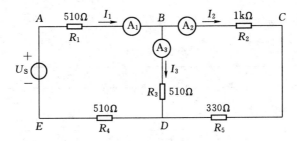

图 3.3.1　电阻串并联电路

本任务测量内容及测量数据见表 3.3.1。

表 3.3.1　　　　　　　　　　电阻串并联电路测量数据

$R_1 =$ ___ Ω, $R_2 =$ ___ Ω, $R_3 =$ ___ Ω, $R_4 =$ ___ Ω, $R_5 =$ ___ Ω

电压 U_S	I_1 /mA	I_2 /mA	I_3 /mA	U_{AB} /V	U_{BC} /V	U_{CD} /V	U_{BD} /V	U_{DE} /V
10V								
15V								
结论	等效电阻 R_{AE}：							
	各支路电流关系：			分流公式：				
	回路中各电压关系：			分压公式：				

2. 任务实施

本任务实施见表 3.3.2～表 3.3.4。

表 3.3.2 　　　　　　　　　　　　　　**电 工 作 业 工 作 票**

工作任务：电阻串并联电路测试			
工作时间：		工作地点：	
任务目标	1. 根据工作内容正确选择和使用仪器、仪表 2. 读懂电路图 3. 会按图接线 4. 会根据要求测试电路电流和电压 5. 分析测试数据，得出电阻串并联电路的基本规律		
任务器材	仪器、仪表、工具		准备情况
任务器材	1. 电源：直流稳压电源 2. 仪表：直流电压表，直流毫安表，万用表 3. 元器件：电阻元件		
预备知识和技能	相关知识技能		相关资源
预备知识和技能	1. 直流稳压电源的使用和注意事项 2. 直流电流表、电压表、万用表的使用和注意事项 3. 电阻串并联电路基本知识		1. 教材：电工与电气测量实训教程 2. 作业票：工作票、申请票、操作票 3. 其他媒体资源
工作票签发人签名：			

表 3.3.3 　　　　　　　　　　　　　　**电 工 作 业 申 请 票**

工作人员要求		作业前准备工作	
身体健康、精神饱满	爱护设备，保持环境清洁	掌握预备知识和技能	提前填写作业票相关内容
认真负责，团结协作	持作业票作业	清楚作业程序	做好安全保护措施
严格执行工作程序、规范及安全操作规程		准备好后提出作业申请	
作业执行人签名：			作业许可人签名：

表 3.3.4 　　　　　　　　　　　　　　**电 工 作 业 操 作 票**

学习领域：电工与电气测量		项目 3：直流电路分析与测试	
任务 3.3：电阻串并联电路测试			学时：2 学时
作业步骤		作业内容及标准	作业标准执行情况
开工准备	1. 电路元件情况	检测电路元件	用万用表检测电阻
开工准备	2. 电路图	识读电路原理图	读懂并正确绘出
开工准备	3. 作业危险点	稳压电源输出端切勿短路 电源极性不要接错	
电阻串并联电路测试	4. 线路装接	按图接线	线路连接正确
电阻串并联电路测试	5. 调节电源电压	稳压电源电压输出 10V	
电阻串并联电路测试	6. 测量电路电流和电压	直流电流表测量电流	
电阻串并联电路测试	6. 测量电路电流和电压	直流电压表测量电路电压	
电阻串并联电路测试	7. 调节电源电压再次测量电流和电压	稳压电源电压输出 15V，再次测量电路中电流和电压	
电阻串并联电路测试	8. 测试数据分析	分析测试数据，得出结论	
电阻串并联电路测试	9. 作业结束	断电拆线	
完工	10. 清理现场	器材摆放有序，作业环境清洁	
工作执行人签名：		工作监护人签名：	

3. 学习评价

对以上任务完成的过程进行评价见表 3.3.5。

表 3.3.5　　　　　　　　　　　学 习 评 价 表

自我评价	以上 10 个作业步骤，每完成一个步骤加 1 分，共计 10 分				得分:
小组评价	课前准备	安全文明操作	工作认真、专心、负责	团队沟通协作，共同完成工作任务	实训报告书写
	每项 2 分，共计 10 分				得分:
教师评价					

【知识认知】

1. 电阻的串联

如果电路中若干个电阻首尾依次顺序相连，中间无分支，各电阻流过同一电流，这种连接方式称为电阻的串联。

（1）等效电阻。串联电阻可用一个等效电阻来代替，串联电阻的等效电阻等于各个电阻之和。若串联电阻有 n 个，则

$$R = \sum_{i=1}^{n} R_i$$

可见电阻串联后，其总电阻必大于其中任何一个电阻。端口电压一定时，串联电阻越多，等效电阻越大，电路电流越小，所以利用串联电阻的方法，可以限制和调节电路中电流的大小。

（2）分压关系。若有 n 个电阻串联，则第 k 个电阻的端电压为

$$U_k = \frac{R_k}{R} U$$

上式称为分压公式，说明在电阻串联电路里，在总电压不变的条件下，各电阻端电压的大小与它的电阻值成正比。电阻值大者分得的电压大，因此利用串联电阻的方法，可以实现"分压"作用。如电工测量中，利用串联电阻来扩大仪表的电压量程，以便测量较高的电压。

两只电阻 R_1、R_2 串联时，等效电阻 $R = R_1 + R_2$，则有分压公式

$$U_1 = \frac{R_1}{R_1 + R_2} U, \quad U_2 = \frac{R_2}{R_1 + R_2} U$$

【案例——串联熔断器短路保护】 串联电阻电路中若有一个电阻断路，电路电流将为零，其他电阻断电；若有一个电阻短路，电路电流将增大，其他电阻可能因此损坏。所以供电线路中实际的负载不采用串联，而短路保护设备则需与被保护电路串联连接，以便电路出现短路故障时，能及时切断电路，避免大的短路电流流过电路，造成电路中设备损坏。

2. 电阻的并联

若干个电阻连接在两个公共结点之间，各电阻承受同一电压，这种连接方式称为电阻的并联。

（1）等效电阻。并联电阻的等效电阻的倒数等于各个并联电阻的倒数之和。若并联电阻有 n 个，则等效电阻为

$$R = \frac{1}{\sum\limits_{i=1}^{n} \frac{1}{R_i}}$$

若有 n 个相同的电阻 R_k 并联，则其等效电阻为

$$R = \frac{R_k}{n}$$

显然，并联电路的等效电阻小于任意一个并联的分电阻。并联电阻的个数越多，总电阻越小。

（2）分流关系。若有 n 个电阻并联，则第 k 个电阻上流过的电流为

$$I_k = \frac{R}{R_k} I$$

上式称为分流公式。可见在电阻并联电路中，各电阻上的电流与电阻的阻值成反比。电阻值大者分得的电流小，因此并联电阻电路可作分流电路。如电工测量中，利用并联电阻来扩大仪表的电流量程，以便测量较大的电流。

2 个电阻的并联，等效电阻为

$$R = \frac{R_1 R_2}{R_1 + R_2}$$

两个电阻并联的分流公式为

$$I_1 = \frac{R_2}{R_1 + R_2} I, \quad I_2 = \frac{R_1}{R_1 + R_2} I$$

【案例——负载并联运行】 在电力供电系统中，各种负载均并联运行在供电线路上，一方面供电系统只需为负载提供一个相同的额定电压，各种负载只要按照这个额定电压标准设计制造；另一方面，负载并联运行时，各负载工作时互不影响，因此供电线路上的负载都采用并联接法。

【案例——并联避雷器过压保护】 避雷器与被保护设备并联，电网正常工作时，避雷器阻值很大，相当于开路。当雷电压超过避雷器导通电压时，避雷器导通，将雷电流通过避雷器泄放到大地。当避雷器导通后，雷电压低于一定值，避雷器又自动断开，不影响电网的正常工作。

任务 3.4　基尔霍夫定律测试

【一体化学习任务书】

工作负责人：_____

工作班组：_____班_____级_____组

1. 任务分析

电路中各个支路电流和各支路电压受到两类约束：一类是元件的特性造成的约束。如线性电阻元件的 u、i 须满足 $u=Ri$ 的关系。这类关系称为元件电压电流关系。另一类是元件的相互连接给支路电流之间和回路各电压之间带来的约束关系，这类约束由基尔霍夫定律体现。基尔霍夫定律适用于各种线性及非线性电路，任何电路的电压和电流，在任何瞬间都满足基尔霍夫定律，所以基尔霍夫定律也是分析电路中电压或电流关系的基本定律之一，因而在电路的分析与计算方面有十分重要的作用。本任务测试支路电流之间及回路各电压之间的关系。

本任务实训电路图如图 3.4.1 所示。

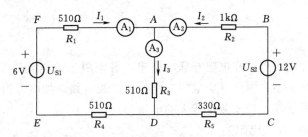

图 3.4.1　基尔霍夫定律测试电路

本任务测量内容及测量数据见表 3.4.1 及表 3.4.2。

表 3.4.1　　　　　　　　　　**支路电流测量数据**

$R_1=$_____ Ω, $R_2=$_____ Ω, $R_3=$_____ Ω, $R_4=$_____ Ω, $R_5=$_____ Ω

支路电流	I_1/mA	I_2/mA	I_3/mA	节点电流 ΣI	相对误差 γ
测量值					
理论值					

表 3.4.2　　　　　　　　　　**回路电压测量数据**

$R_1=$____ Ω, $R_2=$____ Ω, $R_3=$____ Ω, $R_4=$____ Ω, $R_5=$____ Ω

各元件电压	U_{FE}/V	U_{BC}/V	U_{FA}/V	U_{AD}/V	U_{DE}/V	U_{AB}/V	U_{CD}/V	回路电压 ΣU_{FADEF}	回路电压 ΣU_{ABCDA}	误差 γ
测量值										

2. 任务实施

本任务实施见表 3.4.3～表 3.4.5。

表 3.4.3　　　　　　　　　　　　**电 工 作 业 工 作 票**

工作任务：基尔霍夫定律测试			
工作时间：		工作地点：	
任务目标	1. 根据工作内容正确选择和使用仪器、仪表 2. 读懂电路图 3. 会按图接线 4. 会测试电路中各支路电流和回路电压 5. 分析测试数据，得出节点电流和回路电压的关系		
任务器材	仪器、仪表、工具		准备情况
任务器材	1. 电源：双路直流稳压电源 2. 仪表：直流电压表，直流毫安表，万用表 3. 基尔霍夫定律测试实验线路板		
预备知识和技能	相关知识技能		相关资源
预备知识和技能	1. 直流稳压电源的使用和注意事项 2. 直流电流表、电压表、万用表的使用和注意事项 3. 节点、支路、回路的概念 4. 基尔霍夫定律内容		1. 教材：电工与电气测量实训教程 2. 作业票：工作票、申请票、操作票 3. 其他媒体资源
工作票签发人签名：			

表 3.4.4　　　　　　　　　　　　**电 工 作 业 申 请 票**

工作人员要求		作业前准备工作	
身体健康、精神饱满	爱护设备，保持环境清洁	掌握预备知识和技能	提前填写作业票相关内容
认真负责，团结协作	持作业票作业	清楚作业程序	做好安全保护措施
严格执行工作程序、规范及安全操作规程		准备好后提出作业申请	
作业执行人签名：		作业许可人签名：	

表 3.4.5　　　　　　　　　　　　**电 工 作 业 操 作 票**

学习领域：电工与电气测量		项目 3：直流电路分析与测试	
任务 3.4：基尔霍夫定律测试			学时：2 学时
作 业 步 骤		作业内容及标准	作业标准执行情况
开工准备	1. 电路元件情况	检测电路元件　用万用表检测电阻	
开工准备	2. 调节直流稳压电源电压	(1) 调节两路直流电压分别为：6V, 12V（用直流数字电压表监测）； (2) 电压调节完毕，直流电源开关断开	
开工准备	3. 电路图	识读电路原理图　读懂并正确绘出	
开工准备	4. 作业危险点	稳压电源输出端切勿短路 电源极性不要接错	

续表

作业步骤		作业内容及标准		作业标准执行情况
基尔霍夫定律测试	5. 线路装接	按图接线	线路连接正确	
	6. 支路电流测量	直流数字电流表测量各支路电流		
		记录测试数据		
	7. 回路电压测量	通电：合上电源开关		
		直流数字电压表测量选定回路中各元件电压		
		记录测试数据		
	8. 测试数据分析	分析测试数据，得出结论		
	9. 作业结束	断电拆线		
完工	10. 清理现场	器材摆放有序，作业环境清洁		
工作执行人签名：			工作监护人签名：	

3. 学习评价

对以上任务完成的过程进行评价见表 3.4.6。

表 3.4.6　　　　　　　　　学 习 评 价 表

自我评价	以上10个作业步骤，每完成一个步骤加1分，共计10分				得分：
小组评价	课前准备	安全文明操作	工作认真、专心、负责	团队沟通协作，共同完成工作任务	实训报告书写
	每项2分，共计10分				得分：
教师评价					

【知识认知】

1. 名词

（1）支路：电路中由一个或若干元件串联组成的一个分支称为一条支路。

（2）节点：电路中三条或三条以上支路的连接点。

（3）回路：电路中由几条支路所组成的闭合电路称为回路。

2. 基尔霍夫电流定律（KCL）

基尔霍夫电流定律内容：在任意时刻，对于电路中的任一节点，所有支路电流的代数和等于零，即 $\sum I = 0$。

3. 基尔霍夫电压定律（KVL）

基尔霍夫电压定律内容：在任意时刻，沿电路中任一闭合回路绕行一周，回路中各段电压的代数和等于零。数学表达式为 $\sum U = 0$。

任务 3.5 叠 加 定 理 测 试

【一体化学习任务书】

工作负责人：＿＿＿＿＿＿

工作班组：＿＿＿＿＿＿班＿＿＿＿＿＿级＿＿＿＿＿＿组

1. 任务分析

叠加定理是线性电路的重要原理，它为研究含有多个电源的电路中的电流、电压与电源之间的关系提供了理论依据和方法，并经常作为建立其他电路定理的基本依据。此外，对于含有多个电源的复杂电路不能用简单的串、并联简化成单一回路来进行计算，而应用叠加定理则可以将复杂电路分解成若干个简单电路，便于对电路进行分析与计算。通过本任务实训，加深对线性电路叠加性的认识和理解。

本任务实训电路图如图 3.5.1 所示。

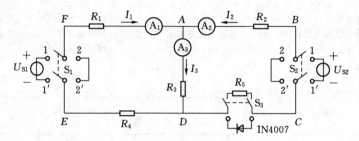

图 3.5.1 叠加定理测试电路

本任务测量内容及测量数据见表 3.5.1 和表 3.5.2。

表 3.5.1　　　　　　　　　　　　线 性 电 路 测 试 数 据

$R_1 = \underline{\quad} \ \Omega$, $R_2 = \underline{\quad} \ \Omega$, $R_3 = \underline{\quad} \ \Omega$, $R_4 = \underline{\quad} \ \Omega$, $R_5 = \underline{\quad} \ \Omega$

测量项目		I_1/mA	I_2/mA	I_3/mA	U_{AD}/V	U_{DE}/V	U_{CA}/V
$U_{S1} = 12\text{V}$ $U_{S2} = 6\text{V}$	U_{S1} 单独作用						
	U_{S2} 单独作用						
	U_{S1}、U_{S2} 共同作用						
结论							

表 3.5.2　　　　　　　　　　　　非线性电路测试数据

$R_1 = \underline{\quad} \ \Omega$, $R_2 = \underline{\quad} \ \Omega$, $R_3 = \underline{\quad} \ \Omega$, $R_4 = \underline{\quad} \ \Omega$

测量项目		I_1/mA	I_2/mA	I_3/mA	U_{AD}/V	U_{DE}/V	U_{CA}/V
$U_{S1} = 12\text{V}$ $U_{S2} = 6\text{V}$	U_{S1} 单独作用						
	U_{S2} 单独作用						
	U_{S1}、U_{S2} 共同作用						
结论							

2. 任务实施

本任务实施见表 3.5.3～表 3.5.5。

表 3.5.3 　　　　　　　　　　　　　　电工作业工作票

工作任务：叠加定理测试		
工作时间：	工作地点：	
任务目标	1. 根据工作内容正确选择和使用仪器、仪表 2. 读懂电路图 3. 会按图接线 4. 会测试实验线路的电压和电流 5. 分析测试数据，总结线性电路的叠加性	
任务器材	仪器、仪表、工具	准备情况
	1. 电源：双路直流稳压电源 2. 仪表：直流数字电压表，直流数字毫安表，万用表 3. 叠加定理测试实验线路板	
预备知识和技能	相关知识技能	相关资源
	1. 直流稳压电源的使用和注意事项 2. 直流电压表、电流表、万用表的使用方法 3. 独立电源单独作用，独立电压源、电流源不作用的含义 4. 叠加定理内容	1. 教材：电工与电气测量实训教程 2. 作业票：工作票、申请票、操作票 3. 其他媒体资源
工作票签发人签名：		

表 3.5.4 　　　　　　　　　　　　　　电工作业申请票

工作人员要求		作业前准备工作	
身体健康、精神饱满	爱护设备，保持环境清洁	掌握预备知识和技能	提前填写作业票相关内容
认真负责、团结协作	持作业票作业	清楚作业程序	做好安全保护措施
严格执行工作程序、规范及安全操作规程		准备好后提出作业申请	
作业执行人签名：			作业许可人签名：

表 3.5.5 　　　　　　　　　　　　　　电工作业操作票

学习领域：电工与电气测量		项目3：直流电路分析与测试		
任务 3.5：叠加定理测试				学时：2 学时
作 业 步 骤		作业内容及标准		作业标准执行情况
开工准备	1. 电路元件情况	检测电路元件	用万用表检测电阻	
	2. 调节直流稳压电源电压	(1) 调节两路直流电压分别为：$U_{S1} = 12\mathrm{V}$，$U_{S2} = 6\mathrm{V}$（用直流数字电压表监测）； (2) 电压调节完毕，直流电源开关断开		
	3. 电路图	识读电路原理图	读懂并正确绘出	
	4. 作业危险点	让电压源不作用时，扳动开关 S_1 或 S_2 至短路侧，切勿将稳压电源输出端短路；电源极性不要接错		

作 业 步 骤		作业内容及标准		作业标准执行情况
线性电路测试（开关 S_3 投向 R_5 侧）	5. 线路装接	按图接线	线路连接正确	
	6. 12V 电压源单独作用时电路电压电流的测量	开关 S_1 投向 U_{S1} 侧，开关 S_2 投向短路侧		
		直流数字电流表和电压表测量电路电流和电压		
		记录测试数据		
	7. 6V 电压源单独作用时电路电压电流的测量	开关 S_1 投向短路侧，开关 S_2 投向 U_{S2} 侧		
		直流数字电流表和电压表测量电路电流和电压		
		记录测试数据		
	8. 两路电压源共同作用时电路电压电流的测量	开关 S_1、S_2 分别投向 U_{S1} 和 U_{S2} 侧		
		直流数字电流表和电压表测量电路电流和电压		
		记录测试数据		
	9. 测试数据分析	分析测试数据，得出结论		
非线性电路测试（开关 S_3 投向 IN4007 侧），重复 5～9 的测量过程				
完工	10. 作业结束	断电拆线，器材摆放有序，作业环境清洁		
工作执行人签名：			工作监护人签名：	

3. 学习评价

对以上任务完成的过程进行评价见表 3.5.6。

表 3.5.6　　　　　　　　　　　学 习 评 价 表

自我评价	以上 10 个作业步骤，每完成一个步骤加 1 分，共计 10 分				得分：
小组评价	课前准备	安全文明操作	工作认真、专心、负责	团队沟通协作，共同完成工作任务	实训报告书写
	每项 2 分，共计 10 分				得分：
教师评价					

【知识认知】

1. 叠加定理内容

叠加定理可以表述为：在多个电源共同作用下的线性电路中，任一支路的电流或电压等于各个独立电源单独作用时，在该支路中产生的电流或电压的叠加。

2. 应用叠加定理的几个具体问题

（1）叠加定理只适用于线性电路中电流和电压的叠加。

（2）独立电源单独作用是指保留作用的电源，将不作用的电源置零。即将不作用的理想电压源短接，将不作用的理想电流源开路。

（3）叠加时注意电流和电压的参考方向，求其代数和时，即以原电路中的电压和电流的参考方向为准，各独立源单独作用下的分电压和分电流的参考方向与其一致时取正号，不一致时取负号。

（4）叠加的方式是任意的，可以一次使一个独立电源作用，也可以一次使几个独立电源同时作用，计算分析电路的简易取决于叠加方式的选择。

任务 3.6　戴维南定理测试

【一体化学习任务书】

工作负责人：＿＿＿＿＿＿＿

工作班组：＿＿＿＿＿＿＿班＿＿＿＿＿＿＿级＿＿＿＿＿＿＿组

1. 任务分析

任何一个线性有源二端网络，如果仅需要研究其中一条支路的电流和电压，则可以将电路的其余部分等效为一个有源二端网络，这样可以使电路的分析处理过程大大简化。通过本任务实训，学习如何测试有源二端网络等效参数，加深对等效电源概念的理解。

本任务实训电路图如图 3.6.1 和图 3.6.2 所示。

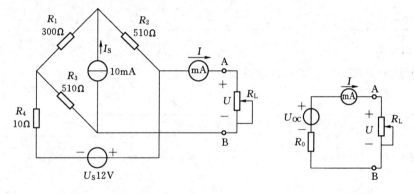

图 3.6.1　戴维南等效参数测量　　　　图 3.6.2　戴维南等效电路

本任务测量内容及测量数据见表 3.6.1～表 3.6.3。

表 3.6.1　　　　　　　　有源二端网络等效参数测试数据

测　量　值		计　算　值
U_{OC}/V	I_{SC}/mA	$R_0 = U_{OC}/I_{SC}/\Omega$

表 3.6.2　　　　　　　　有源二端网络伏安特性测试数据

$R_1 = $ ＿＿＿ Ω, $R_2 = $ ＿＿＿ Ω, $R_3 = $ ＿＿＿ Ω, $R_4 = $ ＿＿＿ Ω

R_L/Ω			
U_{AB}/V			
I/mA			

表 3.6.3　　　　　　　　　**有源二端网络等效电路伏安特性测试数据**

R_L/Ω			
U_{AB}/V			
I/mA			

2. 任务实施

本任务实施见表 3.6.4～表 3.6.6。

表 3.6.4　　　　　　　　　　**电 工 作 业 工 作 票**

工作任务：戴维南定理测试		
工作时间：		工作地点：
任务目标	1. 根据工作内容正确选择和使用仪器、仪表 2. 读懂电路图 3. 会按图接线 4. 会使用直流电压源和直流电流源 5. 会测试有源二端网络等效电路的参数 6. 分析测试数据，总结线性有源二端网络等效为电压源的条件	
任务器材	仪器、仪表、工具	准备情况
	1. 电源：直流电压源，直流电流源 2. 仪表：直流数字电压表，直流数字毫安表，万用表 3. 戴维南实验线路板 4. 可调电阻箱	
预备知识和技能	相关知识技能	相关资源
	1. 直流电压源和直流电流源的使用和注意事项 2. 直流电流表、直流电压表、万用表的使用方法 3. 二端网络、对外等效、输入电阻的概念 4. 等效电源内阻 R_0 与有源二端网络输出端的开路电压 U_{OC} 和输出端短路电流 I_{SC} 的关系 5. 戴维南定理内容	1. 教材：电工与电气测量实训教程 2. 作业票：工作票、申请票、操作票 3. 其他媒体资源
工作票签发人签名：		

表 3.6.5　　　　　　　　　　**电 工 作 业 申 请 票**

工作人员要求		作业前准备工作	
身体健康、精神饱满	爱护设备，保持环境清洁	掌握预备知识和技能	提前填写作业票相关内容
认真负责，团结协作	持作业票作业	清楚作业程序	做好安全保护措施
严格执行工作程序、规范及安全操作规程		准备好后提出作业申请	
作业执行人签名：			作业许可人签名：

表 3.6.6　　　　　　　　　　电 工 作 业 操 作 票

学习领域：电工与电气测量			项目 3：直流电路分析与测试	
任务 3.6：戴维南定理测试				学时：2 学时
作业步骤		作业内容及标准		作业标准执行情况
开工准备	1. 电路元件情况	检测电路元件	用万用表检测电阻	
	2. 调节电源输出	直流电压源输出电压 12V 直流电流源输出电流 10mA		
	3. 电路图	识读电路原理图	读懂并正确绘出	
	4. 作业危险点	电压源输出端切勿短路； 电流源输出端切勿开路； 电源极性不要接错； 每完成一个实验步骤，换接线路时，关闭电源		
戴维南定理测试	5. 有源二端网络等效电路参数测定	测量 A、B 端开路电压 U_{OC}		
		测量 A、B 端短路电流 I_{SC}		
		计算等效电源内阻 R_0	$R_0 = U_{OC}/I_{SC}$	
	6. 有源二端网络伏安特性测试	A、B 端接入电阻 R_L，调节 R_L 阻值，测量 A、B 端输出端电压 U 和电流 I		
	7. 有源二端网络的等效电路伏安特性测试	调节电位器阻值等于 R_0； 调节稳压电源电压等于 U_{OC}		
		连接有源二端网络戴维南等效电路，调节 R_L 阻值（与步骤 6 中一致），测量等效电路输出端电压 U 和电流 I		
	8. 测试数据分析	分析测试数据，比较线性有源二端网络与其等效电路的伏安特性是否相同，得出结论		
	9. 作业结束	断电拆线		
完工	10. 清理现场	器材摆放有序，作业环境清洁		
工作执行人签名：			工作监护人签名：	

3. 学习评价

对以上任务完成的过程进行评价见表 3.6.7。

表 3.6.7　　　　　　　　　　学 习 评 价 表

自我评价	以上 10 个作业步骤，每完成一个步骤加 1 分，共计 10 分				得分：
小组评价	课前准备	安全文明操作	工作认真、专心、负责	团队沟通协作，共同完成工作任务	实训报告书写
	每项 2 分，共计 10 分				得分：
教师评价					

【知识认知】

1. 戴维南定理内容

戴维南定理指出：任何一个线性含源二端网络，对外电路而言，都可以用一个电压源和电阻串联组合的电路模型来等效。该电压源的电压等于有源二端网络的开路电压 U_{OC}，电阻等于有源二端网络的全部电源置零（理想电压源短路，理想电流源开路）后的输入电阻 R_0。电压源和电阻的串联组合称为戴维南等效电路，U_{OC}、R_0 称为有源二端网络的等效参数。

2. 有源二端网络等效参数的测量方法

（1）开路电压 U_{OC} 的测量方法：

1）直接测量法。直接测量法是在有源二端网络输出端开路时，用电压表直接测量其输出端的开路电压 U_{OC}。这种方法适用于有源二端网络等效内阻 R_0 与电压表的内阻相比可以忽略不计的情况。

2）零示法。在测量具有高内阻的有源二端网络的开路电压时，用电压表直接测量会造成较大的误差，为了消除电压表内阻的影响，可以采用零示测量法，如图 3.6.3 所示。零示法的测量原理是用一低内阻的稳压电源与被测有源二端网络进行比较，当稳压电源的输出电压与有源二端网络的开路电压相等时，电压表的读数为"0"。然后将电路断开，测量此时稳压电源的输出电压，即为被测有源二端网络的开路电压。

（2）短路电流 I_{SC} 的测量方法：

1）直接测量法。直接测量法是将有源二端网络的输出端短路，用电流表直接测其短路电流 I_{SC}。此方法适用于有源二端网络等效内阻 R_0 较大的情况。若有源二端网络的等效内阻很小，则会使短路电流很大，不宜直接测量其短路电流。

2）间接测量法。间接测量法是在等效有源二端网络等效内阻 R_0 已知的情况下，先测出开路电压 U_{OC}，再由 $I_{SC} = U_{OC}/R_0$ 计算得出。

（3）有源二端网络等效电阻 R_0 的测量方法：

1）开路电压、短路电流法测 R_0。即直接测量有源二端网络开路电压 U_{OC} 和短路电流 I_{SC}，则等效内阻为 $R_0 = U_{OC}/I_{SC}$。

2）半偏法测 R_0。半偏法测等效内阻的测试电路如图 3.6.4 所示，调节可调电阻 R 并测试可调电阻两端电压，当可调电阻变小，其两端电压为开路电压 U_{OC} 一半时，保持可调电阻值不变，断开电源，测试此时可调电阻的值，即为 R_0。

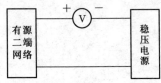

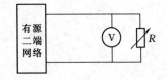

图 3.6.3　零示法测 U_{OC}　　　　图 3.6.4　半偏法测等效内阻 R_0

3. 负载获得最大功率及其条件

给定的有源二端网络，输出端接不同负载，负载获得的功率也不同。在电信工程中，由于信号一般很弱，常要求从信号源获得最大功率。

如图 3.6.5（a）所示为一给定的线性有源二端网络，其戴维南等效电路如图 3.6.5（b）所示，R_L 为负载电阻。

负载 R_L 获得的功率为

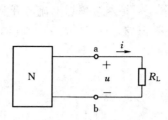

(a) 线性有源二端网络示意图

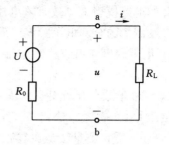

(b) 戴维南等效电路图

图 3.6.5 最大功率传输

$$P = I^2 R_L = \left(\frac{U}{R_0 + R_L} \right)^2 R_L$$

当 $\dfrac{dP}{dR_L} = 0$，时，$R_L = R_0$，此时 R_L 获得功率最大。即：

$$P_{max} = \frac{U^2}{4R_0}$$

结论：由线性有源二端网络传递给负载 R_L 的功率为最大的条件为：负载 R_L 与线性有源二端网络的等效内阻相等。满足 $R_L = R_0$ 时，称为负载与电源匹配或阻抗匹配，此时负载所获得功率最大。

在电信工程中，由于信号一般很弱，常要求满足功率最大匹配，但传输效率通常很低。在电力系统中，由于输送的功率很大，从节约能源的角度考虑，应使电源内阻远远小于负载电阻，以提高线路的传输效率，因此需避免匹配现象发生。

项目 4　交流电路分析与测试

知识目标：

1. 掌握交流电路基本元件的伏安特性。

2. 掌握交流电路基本物理量：电流、电压、功率、功率因数及电能的物理意义。

3. 掌握 RLC 串联及并联电路中电压、电流关系。

4. 掌握三相负载星形及三角形连接电路中，线电压和相电压、线电流和相电流的关系。

5. 掌握互感线圈的同名端、互感系数的概念。

能力目标：

1. 具备从事电工工作安全、规范、严格、有序的操作意识。

2. 能根据测试要求正确选择负载的连接方式并能够正确连接。

3. 能正确使用交流仪表测试交流电路基本物理量。

4. 能选用合适的电工仪表和电工测量方法测试交流电路参数。

5. 能正确读取、分析和处理数据，观察实验现象，撰写实验报告。

任务 4.1　R、L、C 元件伏安特性测试

【一体化学习任务书】

工作负责人：_____

工作班组：_____班_____级_____组

1. **任务分析**

电阻、电感、电容构成了电路的三大基本元件。电路的基本元件在交、直流电路中的特性是不一样的。在直流稳态电路中，电容相当于开路，电感相当于短路，因而直流稳态电路中分析的都是电阻电路。而在交流电路中随着电压和电流的交变，电阻、电感、电容都会对电路工作产生影响。本实训任务研究 R、L、C 元件在交变电流作用下的伏安特性。

本任务实训电路图如图 4.1.1 所示。

本任务测量内容及测量数据见表 4.1.1～表 4.1.3。

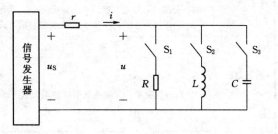

图 4.1.1　R、L、C 元件伏安特性测试

表 4.1.1　　　　　　　　　　　**电阻伏安特性测量数据**

$f=$ _____ Hz

项目	测　量　值					计算值	平均值
信号源电压 U_S	2V	4V	6V	8V	10V	R	R_{AV}
U_R							
$I_R(U_r)$							

表 4.1.2　　　　　　　　　　　**电感伏安特性测量数据**

$f=$ _____ Hz

项目	测　量　值					计算值	平均值
信号源电压 U_S	2V	4V	6V	8V	10V	X_L	L_{AV}
U_L							
$I_L(U_r)$							

表 4.1.3　　　　　　　　　　　**电容伏安特性测量数据**

$f=$ _____ Hz

项目	测　量　值					计算值	平均值
信号源电压 U_S	2V	4V	6V	8V	10V	X_C	C_{AV}
U_C							
$I_C(U_r)$							

2. 任务实施

本任务实施见表 4.1.4～表 4.1.6。

表 4.1.4　　　　　　　　　　　**电 工 作 业 工 作 票**

工作任务：戴维南定理测试		
工作时间：	工作地点：	
任务目标	1. 根据工作内容正确选择和使用仪器、仪表 2. 读懂电路图 3. 会按图接线 4. 会使用信号发生器、交流毫伏表 5. 会分析测试数据，总结电阻、电感、电容元件伏安特性	
任务器材	仪器、仪表、工具	准备情况
	1. 电源：220V 单相交流电源 2. 仪表：信号发生器、交流毫伏表、万用表 3. 元件：$r=1\Omega$，$R=100\Omega$，$L=0.2H$，$C=0.22\mu F$	
预备知识和技能	相关知识技能	相关资源
	1. 交流电源使用注意事项 2. 信号发生器、交流毫伏表的使用方法 3. 电阻、电感、电容元件伏安特性	1. 教材：电工与电气测量实训教程 2. 作业票：工作票、申请票、操作票 3. 其他媒体资源
工作票签发人签名：		

表 4.1.5 　　　　　　　　　　　**电 工 作 业 申 请 票**

工作人员要求		作业前准备工作	
身体健康、精神饱满	爱护设备，保持环境清洁	掌握预备知识和技能	提前填写作业票相关内容
认真负责，团结协作	持作业票作业	清楚作业程序	做好安全保护措施
严格执行工作程序、规范及安全操作规程		准备好后提出作业申请	
作业执行人签名：		作业许可人签名：	

表 4.1.6 　　　　　　　　　　　**电 工 作 业 操 作 票**

学习领域：电工与电气测量		项目 4：交流电路分析与测试		
任务 4.1：*R*、*L*、*C* 元件伏安特性测试			学时：2 学时	
作业步骤		作业内容及标准		作业标准执行情况
开工准备	1. 电路元件情况	检测电路元件	用万用表检测 *R*、*L*、*C* 元件	
	2. 电路图	识读电路原理图	读懂并正确绘出	
	3. 作业危险点	(1) 使用 220V 交流电源供电，注意安全； (2) 信号源电压从低到高逐渐增加，应防止电流过大导致元件烧坏或损坏仪表； (3) 当 *R*、*L*、*C* 三条支路中一条支路接通时，另外两条支路必须断开		
元件伏安特性测试	4. 电阻元件伏安特性测试	接通开关 S₁，取信号源频率 *f*=400Hz		
		调节输出电压分别为 2V、4V、6V、8V、10V 时，用毫伏表测量电阻 *r*(1Ω) 上的电压 $U_r(I=U_r/r)$ 和电阻 *R* 两端电压 U_R		
		计算电阻 *R*	$R=U_R/I$	
		分析测试数据，得到 *R* 的伏安特性 $I=f(U_R)$		
	5. 电感元件伏安特性测试	接通开关 S₂，取信号源频率 *f*=1000Hz		
		调节输出电压分别为 2V、4V、6V、8V、10V 时，用毫伏表测量电阻 *r*(1Ω) 上的电压 $U_r(I=U_r/r)$ 和电感 *L* 两端电压 U_L		
		计算感抗 X_L 和电感 *L*	$X_L=U_L/I$，$L=X_L/(2\pi f)$	
		分析测试数据，得到 *L* 的伏安特性 $I=f(U_L)$		
	6. 电容元件伏安特性测试	接通开关 S₃，取信号源频率 *f*=1000Hz		
		调节输出电压分别为 2V、4V、6V、8V、10V 时，用毫伏表测量电阻 *r*(1Ω) 上的电压 $U_r(I=U_r/r)$ 和电容 *C* 两端电压 U_C		
		计算容抗 X_C 和电容 *C*	$X_C=U_C/I$，$C=1/(2\pi f X_C)$	
		分析测试数据，得到 *C* 的伏安特性 $I=f(U_C)$		
	7. 作业结束	断电拆线		
完工	8. 清理现场	器材摆放有序，作业环境清洁		
工作执行人签名：			工作监护人签名：	

3. 学习评价

对以上任务完成的过程进行评价见表 4.1.7。

表 4.1.7　　　　　　　　　　　　学 习 评 价 表

自我评价	以上 8 个作业步骤，每错一个步骤扣 1 分，共计 10 分				得分：
小组评价	课前准备	安全文明操作	工作认真、专心、负责	团队沟通协作，共同完成工作任务	实训报告书写
	每项 2 分，共计 10 分				得分：
教师评价					

【知识认知】

1. 纯电阻元件电压与电流关系

在 u、i 参考方向一致时，线性电阻元件 R 上的伏安关系如下。

（1）瞬时值关系 $i = \dfrac{u}{R}$。表明任意时刻，电压一定时，流过电阻电流与电阻成反比。

（2）有效值关系为 $I = \dfrac{U}{R}$。表明电压大小一定时，流过电阻电流有效值与电阻成反比。

（3）相量关系为 $\dot{I} = \dfrac{\dot{U}}{R}$。表明电压大小一定时，流过电阻电流有效值与电阻成反比，电阻电流与电压同相位。

2. 纯电感元件电压与电流关系

在 u、i 参考方向一致时，线性电感元件 L 上的伏安关系如下。

（1）瞬时值关系为 $u_L = L\dfrac{\mathrm{d}i}{\mathrm{d}t}$。表明电感两端电压与电感量成正比，与电流变化率成正比。

（2）有效值关系为 $I = \dfrac{U}{X_L}$。表明电压一定时，流过电感电流与感抗成反比。

（3）相量关系为 $\dot{I} = \dfrac{\dot{U}}{\mathrm{j}X_L}$。表明电压一定时，流过电感电流与感抗成反比，电感电流滞后电压 90°。

其中，$X_L = \omega L = 2\pi f L$。

X_L 称为感抗（Ω），是用来表示电感元件对电流阻碍作用大小的一个物理量。感抗与频率成正比，表明电感元件在电路中具有通低频、阻高频作用。

3. 纯电容元件电压与电流关系

在 u、i 参考方向一致时，线性电容元件 C 上的伏安关系如下。

（1）瞬时值关系为 $i = C\dfrac{\mathrm{d}u_C}{\mathrm{d}t}$。表明电容电流与电容量成正比，与电压变化率成正比。

（2）有效值关系为 $I = \dfrac{U}{X_C}$。表明电压大小一定时，电容电流与容抗成反比。

（3）相量关系为 $\dot{I} = \dfrac{\dot{U}}{-\mathrm{j}X_C}$。表明电压大小一定时，电容电流与容抗成反比；电容电流超前电压 90°。

其中，$X_C = \dfrac{1}{\omega C} = \dfrac{1}{2\pi f C}$。

X_C 称为容抗（Ω），是用来表示电容元件对电流阻碍作用大小的一个物理量。容抗与频率成反比，表明电容元件在电路中具有通高频、阻低频、隔直流的作用。

任务 4.2 交流电路元件参数测试

【一体化学习任务书】

工作负责人：_____

工作班组：_____班_____级_____组

1. 任务分析

交流电路中的电压和电流随时间不断变化，使电路在消耗电能的同时，会产生磁场效应和电场效应，因此任何一个交流电路都分布着 R、L、C 这三个基本参数。电阻 R 是表征电路中能量消耗的参数，电感 L 是表征电路中磁场储能的参数，电容 C 是表征电路中电场储能的参数。本实训任务学习用交流电流表、交流电压表和功率表（即三表法）测量交流电路的基本参数。

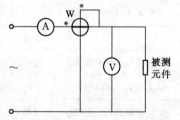

图 4.2.1 三表法测量交流电路参数

本任务实训电路图如图 4.2.1 所示。

本任务测量内容及测量数据见表 4.2.1。

表 4.2.1 三表法测试交流电路参数测试数据

被测阻抗 Z	测 量 值				计 算 值		
	U/V	I/A	P/W	$\cos\varphi$	R/Ω	L/mH	$C/\mu\text{F}$
电阻元件（25W 白炽灯）							
电容元件（4.7μF/450V）							
电感线圈（30W 镇流器）							

2. 任务实施

本任务实施见表 4.2.2～表 4.2.4。

表 4.2.2　　　　　　　　　　　　电 工 作 业 工 作 票

工作任务：交流电路元件参数测试		
工作时间：	工作地点：	
任务目标	1. 根据工作内容正确选择和使用仪器、仪表 2. 读懂电路图 3. 会按图接线 4. 会使用交流电源 5. 会用三表法测定交流电路元件参数	
任务器材	仪器、仪表、工具	准备情况
	1. 电源：220V 单相交流电源 2. 仪表：交流电压表，交流电流表，功率表，万用表 3. 元件：白炽灯 25W/220V，电感线圈（30W 镇流器），电容器 4.7μF/450V	
预备知识和技能	相关知识技能	相关资源
	1. 交流电流表、电压表、功率表、万用表的正确使用 2. 正弦交流电路等效阻抗的基本计算	1. 教材：电工与电气测量实训教程 2. 作业票：工作票、申请票、操作票 3. 其他媒体资源
工作票签发人签名：		

表 4.2.3　　　　　　　　　　　　电 工 作 业 申 请 票

工作人员要求		作业前准备工作	
身体健康、精神饱满	爱护设备，保持环境清洁	掌握预备知识和技能	提前填写作业票相关内容
认真负责，团结协作	持作业票作业	清楚作业程序	做好安全保护措施
严格执行工作程序、规范及安全操作规程		准备好后提出作业申请	
作业执行人签名：			作业许可人签名：

表 4.2.4　　　　　　　　　　　　电 工 作 业 操 作 票

学习领域：电工与电气测量		项目 4：交流电路分析与测试	
任务 4.2：交流电路元件参数测试			学时：2 学时
作 业 步 骤		作业内容及标准	作业标准执行情况
开工准备	1. 电路元件情况	检测电路元件	用万用表检测 R、L、C 元件
	2. 电路图	识读电路原理图	读懂并正确绘出
	3. 作业危险点	（1）使用 220V 交流电源供电，注意安全； （2）正确选用仪表：交流电压表、电流表；功率表； （3）正确选用仪表量程：大于被测值	

124

续表

作　业　步　骤		作业内容及标准	作业标准执行情况
元件参数测试	4. 测试电阻元件参数	按图接线，被测元件为白炽灯	
		测量电阻元件（白炽灯）U、I、P、$\cos\varphi$	
		测试完毕，断电	
	5. 测量电容元件参数	按图接线，被测元件为电容器	
		测量电容元件 U、I、P、$\cos\varphi$	
		测试完毕，断电	
	6. 测量电感线圈等效参数	按图接线，被测元件为日光灯镇流器	
		测量电路 U、I、P、$\cos\varphi$	
		测试完毕，断电	
	7. 测试数据分析	根据测试数据计算交流电路等效参数：R、L、C	
	8. 作业结束	断电拆线	
完工	9. 清理现场	器材摆放有序，作业环境清洁	
工作执行人签名：			工作监护人签名：

3. 学习评价

对以上任务完成的过程进行评价见表 4.2.5。

表 4.2.5　　　　　　　　学 习 评 价 表

自我评价	以上9个作业步骤，每错一个步骤扣1分，共计10分				得分：
小组评价	课前准备	安全文明操作	工作认真、专心、负责	团队沟通协作，共同完成工作任务	实训报告书写
	每项2分，共计10分				得分：
教师评价					

【知识认知】

1. 交流电路等效阻抗、等效电阻及等效电抗关系

如图 4.2.2 所示为一无源单口网络，定义端口电压相量 $\dot{U}$ 与电流相量 $\dot{I}$ 的比值为该网络的复阻抗 Z，即

$$Z = \frac{\dot{U}}{\dot{I}}$$

复阻抗 Z 的实部 R 为网络的等效电阻，虚部 X 为网络的等效电抗，模 $|Z|$ 为网络的等效阻抗，辐角 φ 为网络的阻抗角。即

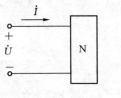

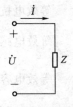

(a) 无源单口网络　　　(b) 等效网络

图 4.2.2　阻抗

$$Z = \frac{\dot{U}}{\dot{I}} = R + jX = |Z| \angle \varphi$$

式中，$|Z| = \dfrac{U}{I} = \sqrt{R^2 + X^2}$，$\varphi = \varphi_u - \varphi_i = \arctan\dfrac{X}{R}$，$R = |Z|\cos\varphi$，$X = |Z|\sin\varphi$。

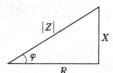

图 4.2.3 阻抗三角形

阻抗 $|Z|$、等效电阻 R 及等效电抗 X 构成一个直角三角形，如图 4.2.3 所示，称之为阻抗三角形。

2. 交流电路元件参数的测量方法

测量交流电路中元件的参数可以用电桥法、谐振法和三表法等。若测量准确度要求较高时，可以采用电桥法进行测量；谐振法是利用谐振原理进行测量，适用于电感和电容的测量；对于频率较低（例如工频）的电路可以采用三表法进行测量，此方法是测量正弦交流电路参数的基本方法。

所谓三表法就是用交流电压表、交流电流表和功率表，分别测量电路的电压、电流和功率，再通过计算得出电路元件的参数。测量电路如图 4.2.4 所示。其中图 4.2.4 (a) 适用于测量被测阻抗较大的情况，图 4.2.4 (b) 适用于测量被测阻抗较小的情况。

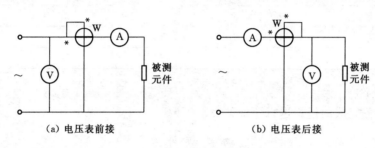

(a) 电压表前接　　　　　　(b) 电压表后接

图 4.2.4 三表法测量交流电路参数

在忽略仪表内阻的情况下，电路参数的计算公式如下：

等效阻抗
$$|Z| = \frac{U}{I}$$

电路功率因数
$$\cos\varphi = \frac{P}{UI}$$

等效电阻
$$R = \frac{P}{I^2} = |Z|\cos\varphi$$

等效电抗
$$X = |Z|\sin\varphi = \sqrt{|Z|^2 - R^2}$$

等效电感
$$L = \frac{X_L}{\omega}$$

等效电容
$$C = \frac{1}{\omega X_C}$$

任务 4.3　交流串联电路电压电流关系测试

【一体化学习任务书】

工作负责人：＿＿＿＿＿＿

工作班组：＿＿＿＿＿＿班＿＿＿＿＿＿级＿＿＿＿＿＿组

1. 任务分析

分析实际电路时，为了使问题简化，通常将实际电路抽象化为由若干理想化的具有单一参数的电路元件（R、L、C）组成的电路模型。R、L、C 串联电路就是一种典型的交流电路模型，从中引出的一些基本概念和结论可用于各种复杂的交流电路。本实训任务通过对 R、L、C 串联电路电压、电流的测量，得出相关结论。

本任务实训电路图如图 4.3.1 和图 4.3.2 所示。

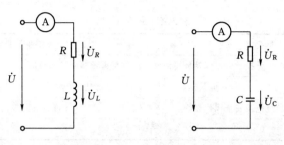

图 4.3.1 RL 串联电路   图 4.3.2 RC 串联电路

本任务测量内容及测量数据见表 4.3.1 和表 4.3.2。

表 4.3.1 RL 串联电路测量数据

元件参数		测 量 值				计算值
R	L	I/A	U/V	U_R/V	U_L/V	$\sqrt{U_R^2+U_L^2}$

表 4.3.2 RC 串联电路测量数据

元件参数		测 量 值				计算值
R	C	I/A	U/V	U_R/V	U_C/V	$\sqrt{U_R^2+U_C^2}$

2. 任务实施

本任务实施见表 4.3.3～表 4.3.5。

表 4.3.3 电 工 作 业 工 作 票

工作任务：交流串联电路电压电流关系测试			
工作时间：		工作地点：	
任务目标	1. 根据工作内容正确选择和使用仪器、仪表 2. 读懂电路图 3. 会按图接线 4. 能根据测试数据，总结出交流串联电路电压关系		
任务器材	仪器、仪表、工具		准备情况
	1. 电源：220V 单相交流电源 2. 仪表：信号发生器，毫伏表，交流电流表，万用表 3. 元件：电阻 510Ω，电感 0.2H/0.5A，电容器 0.22μF/450V		

续表

	相关知识技能	相关资源
预备知识和技能	1. 信号发生器，毫伏表，交流电流表，万用表的正确使用 2. RLC交流串联电路电压电流关系	1. 教材：电工与电气测量实训教程 2. 作业票：工作票、申请票、操作票 3. 其他媒体资源
工作票签发人签名：		

表 4.3.4 电 工 作 业 申 请 票

工作人员要求		作业前准备工作	
身体健康、精神饱满	爱护设备，保持环境清洁	掌握预备知识和技能	提前填写作业票相关内容
认真负责，团结协作	持作业票作业	清楚作业程序	做好安全保护措施
严格执行工作程序、规范及安全操作规程		准备好后提出作业申请	
作业执行人签名：		作业许可人签名：	

表 4.3.5 电 工 作 业 操 作 票

学习领域：电工与电气测量			项目4：交流电路分析与测试	
任务4.3：交流串联电路电压电流关系测试				学时：2学时
作业步骤		作业内容及标准		作业标准执行情况
开工准备	1. 电路元件情况	检测电路元件	用万用表检测 R、L、C 元件	
	2. 电路图	识读电路原理图	读懂并正确绘出	
	3. 作业危险点	(1) 使用220V交流电源供电，注意安全； (2) 信号源电压从低到高逐渐增加，应防止电流过大导致元件烧坏或损坏仪表； (3) RL 串联电路实验时，注意电流不超过电感线圈的允许电流值		
交流电路电压电流关系测试	4. RL 串联电路	按图接线		
		信号发生器输出频率为500Hz，输出电压为4V		
		测量 I、U、U_R、U_L		
		测试完毕，断电		
	5. RC 串联电路参数	按图接线		
		信号发生器输出频率为500Hz，输出电压为4V		
		测量 I、U、U_R、U_C		
		测试完毕，断电		
	6. 测试数据分析	根据测试数据分析交流串联电路电压电流关系		
	7. 作业结束	断电拆线		
完工	8. 清理现场	器材摆放有序，作业环境清洁		
工作执行人签名：				工作监护人签名：

3. 学习评价

对以上任务完成的过程进行评价见表 4.3.6。

表 4.3.6　　　　　　　　　　　　学 习 评 价 表

自我评价	以上 8 个作业步骤，每错一个步骤扣 1 分，共计 10 分				得分：
小组评价	课前准备	安全文明操作	工作认真、专心、负责	团队沟通协作，共同完成工作任务	实训报告书写
	每项 2 分，共计 10 分				得分：
教师评价					

【知识认知】

1. *RLC* 串联电路电压电流关系

RLC 串联电路如图 4.3.3 所示。

电路电压 $\qquad\qquad \dot{U} = \dot{U}_R + \dot{U}_L + \dot{U}_L = Z\dot{I}$

复阻抗 $\qquad\qquad Z = \dfrac{\dot{U}}{\dot{I}} = R + \mathrm{j}(X_L - X_C)$

阻抗 $\qquad\qquad |Z| = \dfrac{U}{I} = \sqrt{R^2 + (X_L - X_C)^2}$

电压相量 $\dot{U}$、$\dot{U}_R$ 与（$\dot{U}_L + \dot{U}_C$）构成的直角三角形，称为电压三角形，如图 4.3.4 所示。由电压三角形可得

$$U = \sqrt{U_R^2 + (U_L - U_C)^2}$$

u、i 相位差 $\qquad\qquad \varphi = \varphi_u - \varphi_i = \arctan\dfrac{U_L - U_C}{U_R}$

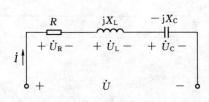

图 4.3.3　*RLC* 串联电路

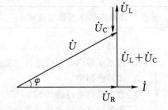

图 4.3.4　*RLC* 串联电路电压三角形

2. 电路性质

（1）$\varphi > 0$，u 超前 i，$X_L > X_C$，电路呈感性。

（2）$\varphi < 0$，u 滞后 i，$X_L < X_C$，电路呈容性。

（3）$\varphi = 0$，u、i 同相，$X_L = X_C$，电路呈电阻性。这种情况又称为谐振。

任务 4.4　感性负载提高功率因数测试

【一体化学习任务书】

工作负责人：＿＿＿＿＿＿

工作班组：＿＿＿＿＿＿班＿＿＿＿＿＿级＿＿＿＿＿＿组

1. 任务分析

在供电系统中，由于储能元件电感和电容的存在，负载与电源之间会有能量交换，存在较大的无功功率，功率因数较低。为了提高电源设备的利用率，降低输电线路的电压损失和能量损失，需要提高负载的功率因数。本实训任务学习感性负载提高功率因数的方法。

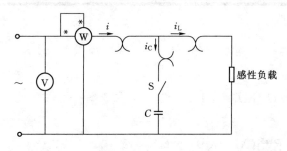

图 4.4.1　感性负载并联电容提高功率因数

本任务实训电路图如图 4.4.1 所示。

本任务测量内容及测量数据见表 4.4.1。

表 4.4.1　　　　　　　　　**感性负载并联电容提高功率因数测试数据**

电容量 C	U/V	I/A	I_L/A	I_C/A	P/W	$\cos\varphi$
0		-				
$1\mu F$						
$2.2\mu F$						

2. 任务实施

本任务实施见表 4.4.2～表 4.4.4。

表 4.4.2　　　　　　　　　　　**电 工 作 业 工 作 票**

工作任务：感性负载提高功率因数系测试		
工作时间：		工作地点：
任务目标	1. 根据工作内容正确选择和使用仪器、仪表 2. 读懂电路图 3. 会日光灯电路连接 4. 能测试日光灯电路各部分参数 5. 能分析测试数据，得出结论	
任务器材	仪器、仪表、工具	准备情况
	1. 电源：220V 单相交流电源 2. 仪表：交流电压表，交流电流表，功率表，万用表 3. 电路元件：日光灯设备，电容器 1μF/450V、2.2μF/450V	

续表

预备知识和技能	相关知识技能		相关资源
	1. 交流电流表、电压表、功率表、万用表的正确使用		1. 教材：电工与电气测量实训教程
	2. 日光灯电路元件组成、工作原理		2. 作业票：工作票、申请票、操作票
	3. 感性负载提高功率因数的方法		3. 其他媒体资源

工作票签发人签名：

表 4.4.3　　　　　　　　电 工 作 业 申 请 票

工作人员要求		作业前准备工作	
身体健康、精神饱满	爱护设备，保持环境清洁	掌握预备知识和技能	提前填写作业票相关内容
认真负责，团结协作	持作业票作业	清楚作业程序	做好安全保护措施
严格执行工作程序、规范及安全操作规程		准备好后提出作业申请	
作业执行人签名：			作业许可人签名：

表 4.4.4　　　　　　　　电 工 作 业 操 作 票

学习领域：电工与电气测量			项目 4：交流电路分析与测试	
任务 4.4：感性负载提高功率因系数测试				学时：2 学时
作业步骤		作业内容及标准		作业标准执行情况
开工准备	1. 电路元件情况	检测电路元件	用万用表检测灯管、镇流器	
	2. 电路图	识读电路原理图	读懂并正确绘出	
	3. 作业危险点	(1) 使用 220V 交流电源供电，注意安全； (2) 正确选用仪表：交流电压表、交流电流表、功率表； (3) 正确选用仪表量程：大于电路工作电流和电压		
日光灯电路连接及功率因数的提高	4. 按图接线	连接日光灯电路		
	通电观测	5. $C=0$ 时，测量 U、I、P、$\cos\varphi$		
		6. $C=1\mu F$ 时，测量 U、I、P、$\cos\varphi$		
		7. $C=2.2\mu F$ 时，测量 U、I、P、$\cos\varphi$		
	8. 测试数据分析	(1) 根据测试数据，说明并联电容前后电路电流的变化； (2) 根据测试数据，说明并联电容前后电路功率的变化； (3) 根据测试数据，说明并联电容前后电路功率因数的变化		
	9. 作业结束	断电拆线		
完工	10. 清理现场	器材摆放有序，作业环境清洁		
工作执行人签名：				工作监护人签名：

3. 学习评价

对以上任务完成的过程进行评价见表 4.4.5。

表 4.4.5   学 习 评 价 表

自我评价	以上 10 个作业步骤，每完成一个步骤加 1 分，共计 10 分				得分：
小组评价	课前准备	安全文明操作	工作认真、专心、负责	团队沟通协作，共同完成工作任务	实训报告书写
	每项 2 分，共计 10 分				得分：
教师评价					

【知识认知】

1. 交流电路的功率

（1）有功功率。有功功率是电能用于做功，将电能转换为其他形式能量时，交流电路中实际消耗的功率，它反映了交流电源在电阻元件上做功能力的大小。有功功率是瞬时功率在一个周期内的平均值，故又称为平均功率。用 P 表示，单位是瓦特（W）。

$$P = \frac{1}{T}\int_0^T p\,\mathrm{d}t = UI\cos\varphi$$

它比直流电路的功率多一个乘数 $\cos\varphi$，这是由于交流电路中的电压和电流存在相位差 φ 引起的。

电感元件和电容元件与交流电源之间只交换能量，不消耗能量，有功功率是零。为了反映交流电源能量与电感元件中磁场能量或电容元件中电场能量互相交换的规模，引入无功功率概念。

（2）无功功率。储能元件电感或电容与外电路交换能量的速率用无功功率衡量。无功功率用大写字母 Q 表示，单位为乏（var）。

$$Q = UI\sin\varphi$$

所有电磁设备工作时不仅需要从电网中吸收有功功率用于做功，还需要吸收无功功率建立和维持磁场，如果没有无功功率，就没有电场和磁场之间的能量转换，这些设备就无法正常工作。但是，无功功率对电网是不利的，因为无功功率使电源的有效利用率降低；同时，无功电流流过线路会有电压和电能损耗，所以电网中需要进行无功功率补偿。

（3）视在功率。电路的电压有效值与电流有效值的乘积，称为电路的视在功率，用 S 表示，单位为伏安（V·A）。

$$S = UI$$

电源设备的额定容量即为额定视在功率：$S_N = U_N I_N$，它表示电源可能提供的，或负载可能获得的最大功率，但并不代表实际输出的功率。

有功功率、无功功率和视在功率的关系

$$P = S\cos\varphi$$

$$Q = S\sin\varphi$$

$$S = \sqrt{P^2 + Q^2}$$

2. 交流电路的功率因数

电源提供的总功率一部分被电阻消耗，是有功功率，一部分被电感和电容吸收，是无功功率。因而对于电源来说，即使满载工作（当输出的视在功率达到额定值时——输出电压达到了额定电压 U_N，输出电流达到了额定电流 I_N，不论输出的有功功率是否达到了最大值，都为满载工作），其输出功率不一定达到额定容量。

如一台变压器容量为 10kVA，它的额定输出电压为 220V，额定输出电流为 45A。则在工作中只要它输出电压为 220V，输出电流为 45A，就为满负载工作。但其输出的有功功率不一定达到 10kW，即电源的利用率不一定达到 100%，这样就存在电源功率利用率的问题。为了表征电源功率被利用的程度，把电源输出有功功率 P 与视在功率 S 的比值，称为功率因数，即

$$\lambda = \frac{P}{S} = \cos\varphi$$

式中　φ——电路电压 u 与电流 i 的相位差角，又称为功率因数角。

由上式看出输出功率 P 取决于电路的功率因数。对于容量 S 一定的电源，功率因数越大，表明电源输出功率的利用率越高。因此，为了提高电源的利用率，就要提高电路的功率因数。

3. 感性负载提高功率因数的方法

电力工程中，绝大多数负载是感性负载，这意味着电源需输出一定的无功功率，因而电路功率因数较低。为了提高电路的功率因数，可以采用在感性负载两端并联电容的方法，并联电容后，电容给电路补偿一部分无功功率，从而减少了电源的无功输出，使整个电路功率因数得到提高。

感性负载并联电容提高功率因数的原理图如图 4.4.2（a）所示，由相量图 4.4.2（b）可以看出，并联电容后，由于电容器的电流 $\dot{I}_C$ 在相位上超前电压 90°，与感性负载的无功电流分量相位相反，抵消了一部分无功电流，从而使电路总电流由原来 I_1 减小为 I，功率因数角由原来 φ_1 减小为 φ，即提高了功率因数。

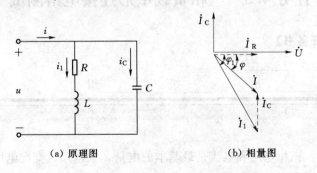

（a）原理图　　　　　　　　（b）相量图

图 4.4.2　感性负载并联电容提高功率因数

补偿电容必须与负载并联，以保证不影响负载正常工作。同时功率因数提高应当适当，功率因数提高越大，所需电容量越大，设备费用增加。若补偿过大，功率因数反而下降。最好是在线路靠近负载侧安装功率因数自动补偿装置，以达到合理补偿的目的。

4. 日光灯电路结构及工作原理

日光灯由灯管、镇流器和启辉器三部分组成，其电路如图4.4.3所示。

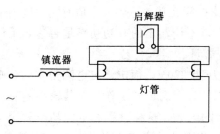

图4.4.3 日光灯电路

灯管是一个内壁涂有一层荧光粉的玻璃管，灯管两端装有受热易于发射电子的灯丝，灯管内充有少量水银蒸气和惰性气体；镇流器是一个铁芯电感线圈；启辉器由辉光放电管和一个小电容组成，辉光管内有两个电极，一个受热弯曲的双金属片和一个静触片，封装在一个铝壳或塑壳里。

日光灯工作原理：刚接通电源时，启辉器两端是断开的，电路中没有电流。电源电压全部加在启辉器上，使它产生辉光放电并发热。双金属片受热膨胀使之与静触片接触而闭合，电流通过镇流器、灯管两端灯丝及启辉器构成回路，灯丝因通过电流（称启辉电流）而发热后发射电子。同时因为启辉器内两个电极闭合，使两极之间的电压降为零，于是辉光放电停止，双金属片冷却后与静触片分离。在电极分离的瞬间，镇流器产生较高的感应电压与电源电压一起加在灯管两端，使灯管内的惰性气体电离产生弧光放电，灯管温度升高，水银蒸气电离放电，辐射出大量紫外线，紫外线激发灯管管壁所涂的荧光粉上发出可见光。为了避免启辉器中的两个触点断开时产生火花，将触点烧毁，通常用一只小电容器与启辉器并联。

灯管启燃后，大部分的电压降落在镇流器上，灯管两端的电压，也就是启辉器两电极间的电压较低，不足以使启动器辉光放电再启动，启辉器处于断开状态。此时镇流器、灯管组成一个串联电路，可以等效为电阻和电感串联电路，因此日光灯电路是一个感性负载，由于镇流器的电感量较大，使得日光灯电路的功率因数较低，其值约在0.5左右。

任务4.5 三相负载星形连接电路测试

【一体化学习任务书】

工作负责人：_____

工作班组：_____班_____级_____组

1. 任务分析

在电力系统中，三相电压和电流是最基本的电量，发电厂、变配电所均需要对它们进行监视，因为通过测量它们的大小，可以分析了解系统的运行状况。本实训任务通过测试三相负载星形连接电路的电压和电流，从中分析电压之间、电流之间关系，判断电路的运行状况。

本任务实训电路图如图4.5.1所示。

本任务测量内容及测量数据见表4.5.1。

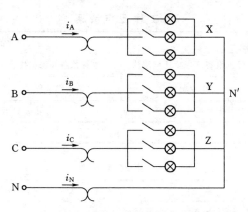

图 4.5.1　三相负载星形连接电路

表 4.5.1　三相负载星形连接电路测试数据

项目	开灯盏数			线电压/V			相电压/V			线（相）电流/A			中线电流	中点电压
	A 相	B 相	C 相	U_{AB}	U_{BC}	U_{CA}	U_{AX}	U_{BY}	U_{CZ}	I_A	I_B	I_C	I_N	$U_{NN'}$
有中线	3	3	3											
	1	2	3											
无中线	3	3	3											
	1	2	3											

2. 任务实施

本任务实施见表 4.5.2～表 4.5.4。

表 4.5.2　电 工 作 业 工 作 票

工作任务：三相负载星形连接电路测试		
工作时间：	工作地点：	
任务目标	1. 根据工作内容正确选择和使用仪器、仪表 2. 读懂电路图 3. 会三相负载星形连接方法 4. 能测试星形连接电路线电压、相电压、线（相）电流、中线电流、中点电压 5. 能根据测试数据和观察到的现象分析三相电路的运行情况	
任务器材	仪器、仪表、工具	准备情况
	1. 电源：220/330V 三相交流电源 2. 仪表：交流电压表，交流电流表，万用表 3. 电路元件：三相灯组负载（白炽灯 25W/220V）	
预备知识和技能	相关知识技能	相关资源
	1. 交流电流表、电压表、万用表的正确使用 2. 三相制供电方式概念 3. 线电压、相电压、线电流、相电流、三相对称负载、三相不对称负载概念 4. 三相负载星形连接时，线电压和相电压及线电流和相电流关系 5. 中性线作用	1. 教材：电工与电气测量实训教程 2. 作业票：工作票、申请票、操作票 3. 其他媒体资源
工作票签发人签名：		

表 4.5.3　　　　　　　　　**电 工 作 业 申 请 票**

工作人员要求		作业前准备工作	
身体健康、精神饱满	爱护设备，保持环境清洁	掌握预备知识和技能	提前填写作业票相关内容
认真负责，团结协作	持作业票作业	清楚作业程序	做好安全保护措施
严格执行工作程序、规范及安全操作规程		准备好后提出作业申请	
作业执行人签名：			作业许可人签名：

表 4.5.4　　　　　　　　　**电 工 作 业 操 作 票**

学习领域：电工与电气测量			项目4：交流电路分析与测试		
任务4.5：三相负载星形连接电路测试				学时：2学时	
作业步骤			作业内容及标准		作业标准执行情况
开工准备	1. 电路元件情况		检测电路元件	用万用表检测白炽灯	
	2. 电路图		识读电路原理图	读懂并正确绘出	
	3. 三相电源电压		三相交流电源线电压：380V		
	4. 作业危险点		(1) 使用220/380V交流电源供电，注意安全； (2) 正确选用仪表：交流电压表、交流电流表； (3) 正确选用仪表量程：大于电路工作电流和电压		
三相负载星形连接电路	5. 按图接线		连接负载星形连接电路		
	通电测量数据并观察灯的亮度	6. 有中线	负载对称时 U_L、U_P、I_P、I_N、$U_{NN'}$		
			负载不对称时 U_L、U_P、I_P、I_N、$U_{NN'}$		
		7. 无中线	负载对称时 U_L、U_P、I_P、I_N、$U_{NN'}$		
			负载不对称时 U_L、U_P、I_P、I_N、$U_{NN'}$		
	8. 测试数据分析		(1) 根据测试数据，说明线电压和相电压关系； (2) 根据测试数据及观测到的现象，说明中性线作用		
	9. 作业结束		断电拆线		
完工	10. 清理现场		器材摆放有序，作业环境清洁		
工作执行人签名：				工作监护人签名：	

3. 学习评价

对以上任务完成的过程进行评价见表4.5.5。

表 4.5.5　　　　　　　　　**学 习 评 价 表**

自我评价	以上10个作业步骤，每完成一个步骤加1分，共计10分				得分：
小组评价	课前准备	安全文明操作	工作认真、专心、负责	团队沟通协作，共同完成工作任务	实训报告书写
	每项2分，共计10分				得分：
教师评价					

【知识认知】

1. 对称三相电源

能够产生三个最大值相等、频率相同、相位互差120°的对称三相正弦电压的电源称为对称三相电源，分别称之为 A 相、B 相和 C 相电源。工程实际中三相电源（三相发电机或三相变压器）是按一定的方式连接成一个整体向负载供电，连接的方式有星形（Y）和三角形（△）两种。三相电源向负载供电时有三相四线制和三相三线制两种供电方式。有中性线的供电方式称为三相四线制供电，其可以对外提供两种电压，一种是三相电源中任意一相电源的电压（即一根相线与中性线之间的电压），称为相电压 u_P，另一种是任意两根相线间的电压，称为线电压 u_L，线电压在有效值上等于相电压的 $\sqrt{3}$ 倍，即 $U_L = \sqrt{3}U_P$；无中性线的供电方式称为三相三线制供电方式，其可以对外提供一种电压，即线电压。我国低压供电系统采用的三相四线制供电方式，相电压为220V，线电压是380V。

2. 三相负载

（1）对称三相负载与不对称三相负载：实际中使用交流电源的电器设备可以分为两类：一类是只需要单相电源供电即可正常工作的负载，称为单相负载，如照明设备及家用电器等；另一类是由三相电源供电才可以正常工作的负载，称为三相负载，如三相交流电动机等。如图 4.5.2 所示，三组单相负载分别接到 A 相、B 相及 C 相电源上，对电源来说这三组单独的单相负载组合在一起就构成了三相负载，同样三相负载也可以看作是由三个单相负载组合而成。三相负载中各相阻抗的大小和性质完全相同的称为对称三相负载，否则称为不对称三相负载。

（2）三相负载星形接法和三角形接法：三相负载的连接也有星形和三角形两种。如图 4.5.2 所示，每相负载的一端连接在一起，另一端分别接到电源的三根相线上，这种接法称为星接。将三相负载连接成一个三角形，三个连接点接到电源的三根相线上，这种接法称为角接。

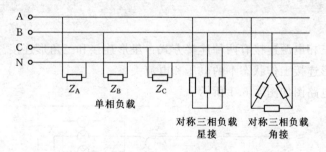

图 4.5.2　三相负载及其连接

（3）三相负载接入三相电源的基本原则是：负载的接入应满足负载的额定电压等于电源电压的原则。这是最基本的要求，否则负载不能正常工作，甚至损坏。

3. 负载星形连接的三相电路

三相电源和三相负载相互连接成三相电路。三相电路中每相负载两端的电压称为负载相电压 $\dot{U}_P$，流过每相负载的电流称为相电流 $\dot{I}_P$，流过相线的电流称为线电流 $\dot{I}_L$，流过中性线电流称为中线电流 $\dot{I}_N$，三相负载星形连接的三相电路中，各电压、电流之间的关系见表 4.5.6。

表 4.5.6 负载星形连接电路电压电流关系

负载连接方式	中线情况	负载对称	负载不对称
负载星形连接	有中线	$U_L=\sqrt{3}U_P$ $I_L=I_P$ $i_N=i_A+i_B+i_C=0$	$U_L=\sqrt{3}U_P$ $I_L=I_P$ $i_N=i_A+i_B+i_C\neq0$
	无中线	$U_L=\sqrt{3}U_P$ $I_L=I_P$	$U_L\neq\sqrt{3}U_P$ $I_L=I_P$

因为对称负载星形连接时，中线电流是零，取消中线不会影响负载的正常工作，中线取消后变为三相三线制供电，低压供电系统中的动力负载（电动机）就采用这样的供电方式。

不对称负载星形连接，因为各相电流也不对称，中线电流中有电流流过。由于中性线的作用，使三相负载各自接在各相电源上，加在每相负载上的电压是对称的电源相电压，因而各相负载工作互不影响。如果中线断开，负载电压失去对称，致使负载不能正常工作甚至损坏。因此为了防止中线断开造成事故，规定中线上不能安装开关、熔断器等装置。此外三相负载越接近对称，中线电流越小，所以负载应尽量平均分配在三相电源上。

任务 4.6 三相负载三角形连接电路测试

【一体化学习任务书】

工作负责人：＿＿＿＿＿＿

工作班组：＿＿＿＿＿班＿＿＿＿＿级＿＿＿＿＿组

1. 任务分析

三相负载与三相电源连接有两种连接方式：星形连接和三角形连接。本实训任务学习三相负载在三角形连接工作状态下的电压和电流关系。

本任务实训电路图如图 4.6.1 所示。

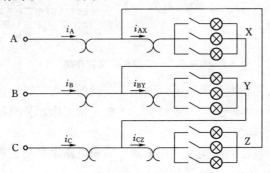

图 4.6.1 三相负载三角形连接电路

本任务测量内容及测量数据见表4.6.1。

表4.6.1　　　　　　　　　三相负载三角形连接电路测试数据

项目	开灯盏数			线电压/V			线电流/A			相电流/A		
	A相	B相	C相	U_{AB}	U_{BC}	U_{CA}	I_A	I_B	I_C	I_{AX}	I_{BY}	I_{CZ}
负载对称	3	3	3									
负载不对称	1	2	3									
断开一相负载	3		3									
断开一根相线	3	3	3									

2. 任务实施

本任务实施见表4.6.2～表4.6.4。

表4.6.2　　　　　　　　　　电 工 作 业 工 作 票

工作任务：三相负载三角形连接电路测试		
工作时间：		工作地点：
任务目标	1. 根据工作内容正确选择和使用仪器、仪表 2. 读懂电路图 3. 会三相负载三角形连接方法 4. 能测试三角形连接电路线电压、线电流、相电流 5. 能根据测试数据和观察到的现象分析三相电路的运行情况	
任务器材	仪器、仪表、工具	准备情况
	1. 电源：220/330V三相交流电源 2. 仪表：交流电压表，交流电流表，万用表 3. 电路元件：三相灯组负载（白炽灯25W/220V）	
预备知识和技能	相关知识技能	相关资源
	1. 交流电流表、电压表、万用表的正确使用 2. 三相三线制供电方式概念 3. 线电压、相电压、线电流、相电流、三相对称负载、三相不对称负载概念 4. 三相负载三角形连接时负载承受电源什么电压 5. 三相负载三角形连接时线电流和相电流关系	1. 教材：电工与电气测量实训教程 2. 作业票：工作票、申请票、操作票 3. 其他媒体资源
工作票签发人签名：		

表4.6.3　　　　　　　　　　电 工 作 业 申 请 票

工作人员要求		作业前准备工作	
身体健康、精神饱满	爱护设备，保持环境清洁	掌握预备知识和技能	提前填写作业票相关内容
认真负责，团结协作	持作业票作业	清楚作业程序	做好安全保护措施
严格执行工作程序、规范及安全操作规程		准备好后提出作业申请	
作业执行人签名：			作业许可人签名：

表 4.6.4　　　　　　　　　　电 工 作 业 操 作 票

学习领域：电工与电气测量		项目 4：交流电路分析与测试	
任务 4.6：三相负载三角形连接电路测试			学时：2 学时
作业步骤		作业内容及标准	作业标准执行情况
开工准备	1. 电路元件情况	检测电路元件　　用万用表检测白炽灯	
	2. 电路图	识读电路原理图　　读懂并正确绘出	
	3. 三相电源电压	三相交流电源线电压：220V	
	4. 作业危险点	(1) 使用 220/380V 交流电源供电，注意安全； (2) 三相电源线电压调至负载额定电压 220V； (3) 正确选用仪表：交流电压表、交流电流表； (4) 正确选用仪表量程：大于电路工作电流和电压	
三相负载角形连接电路	5. 按图接线	连接负载三角形连接电路	
	通电测量数据并观察灯的亮度	6. 负载对称时 U_L、I_P、I_L；	
		7. 负载不对称时 U_L、I_P、I_L；	
		8. 断开一相负载时 U_L、I_P、I_L；	
		9. 断开一根相线时 U_L、I_P、I_L	
	10. 测试数据分析	(1) 根据测试数据，说明线电流和相电流关系； (2) 根据测试数据及观测到的现象，断开一相负载时或断开一根相线时，有什么后果	
	11. 作业结束	断电拆线	
完工	12. 清理现场	器材摆放有序，作业环境清洁	
工作执行人签名：			工作监护人签名：

3. 学习评价

对以上任务完成的过程进行评价见表 4.6.5。

表 4.6.5　　　　　　　　　　学 习 评 价 表

自我评价	以上 12 个作业步骤，每错一个步骤扣 1 分，共计 10 分				得分：
小组评价	课前准备	安全文明操作	工作认真、专心、负责	团队沟通协作，共同完成工作任务	实训报告书写
	每项 2 分，共计 10 分				得分：
教师评价					

【知识认知】

如果每相负载的额定电压等于电源的线电压，三相负载应三角形连接。在三相负载三角形连接的三相电路中，每相负载分别接在电源的两根相线之间，所以各相负载的相电压等于电源的线电压，即 $U_L = U_P$，这个关系不论三相负载对称与否都是成立的。

当对称三相负载三角形连接时，线电流 I_L 是相电流 I_P 的 $\sqrt{3}$ 倍，即 $I_L = \sqrt{3} I_P$。

当不对称三相负载三角形连接时，$I_L \neq \sqrt{3} I_P$，但只要加在各相负载上的电源电压对称，各相负载仍然正常工作。

任务 4.7 三相电路功率测试

【一体化学习任务书】

工作负责人：＿＿＿＿＿＿＿＿

工作班组：＿＿＿＿＿＿ 班＿＿＿＿＿＿ 级＿＿＿＿＿＿ 组

1. 任务分析

三相电路功率的测量是基本的电测量之一，它包括三相有功功率的测量和三相无功功率的测量。三相电路功率可以用三相功率表直接测量，也可以用单相功率表进行测量。本实训任务学习用单相功率表测量三相电路功率的方法。

本任务实训电路图如图 4.7.1～图 4.7.3 所示。

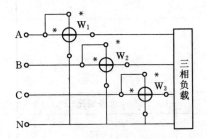

图 4.7.1　三表法测量三相
电路功率

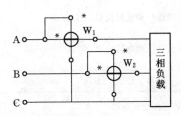

图 4.7.2　二表法测量三相
电路功率

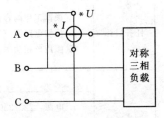

图 4.7.3　一表跨相法测
无功功率

本任务测量内容及测量数据见表 4.7.1～表 4.7.3。

表 4.7.1　　　　　　　测量三相四线制电路有功功率

负载情况	开 灯 盏 数			测 量 数 据			计算
	A 相	B 相	C 相	P_A/W	P_B/W	P_C/W	$\sum P/W$
Y_0 接对称负载	3	3	3				
Y_0 接不对称负载	1	2	3				

表 4.7.2　　　　　　　测量三相三线制电路有功功率

负载情况	开 灯 盏 数			测 量 数 据		计算
	A 相	B 相	C 相	P_1/W	P_2/W	$\sum P/W$
Y 接对称负载	3	3	3			
Y 接不对称负载	1	2	3			
△接对称负载	3	3	3			
△接不对称负载	1	2	3			

表 4.7.3　　　　　　　　　　　　测量对称三相三线制电路无功功率

三相负载情况	测 量 数 据	计 算 数 据
	P	$\sum Q=\sqrt{3}P/\mathrm{var}$
三相对称灯组（每相 3 盏灯）		
三相对称电容器（每相 4.7μF）		
灯与电容并联负载		

2. 任务实施

本任务实施见表 4.7.4～表 4.7.6。

表 4.7.4　　　　　　　　　　　　电 工 作 业 工 作 票

工作任务：三相电路功率测试			
工作时间：		工作地点：	
任务目标	1. 根据工作内容正确选择和使用仪器、仪表 2. 读懂电路图 3. 能用单相功率表测量三相电路功率		
任务器材	仪器、仪表、工具		准备情况
	1. 电源：220/330V 三相交流电源 2. 仪表：单相功率表，交流电压表，交流电流表，万用表 3. 电路元件：三相灯组负载（白炽灯 25W/220V），电容器（4.7μF/450V）		
预备知识和技能	相关知识技能		相关资源
	1. 功率表、万用表的正确使用 2. 三相电路有功功率、无功功率、视在功率的计算 3. 三相电路功率测量方法		1. 教材：电工与电气测量实训教程 2. 作业票：工作票、申请票、操作票 3. 其他媒体资源
工作票签发人签名：			

表 4.7.5　　　　　　　　　　　　电 工 作 业 申 请 票

工作人员要求		作业前准备工作	
身体健康、精神饱满	爱护设备，保持环境清洁	掌握预备知识和技能	提前填写作业票相关内容
认真负责，团结协作	持作业票作业	清楚作业程序	做好安全保护措施
严格执行工作程序、规范及安全操作规程		准备好后提出作业申请	
作业执行人签名：			作业许可人签名：

表 4.7.6　　　　　　　　　　　　　**电 工 作 业 操 作 票**

学习领域：电工与电气测量			项目 4：交流电路分析与测试	
任务 4.7：三相电路功率测试				学时：2 学时
作业步骤		作业内容及标准		作业标准执行情况
开工准备	1. 电路元件情况	检测电路元件	用万用表检测白炽灯和电容器	
	2. 电路图	识读电路原理图	读懂并正确绘出	
	3. 作业危险点	(1) 使用 220/380V 交流电源供电，注意安全； (2) 根据负载额定电压的要求调节电源电压； (3) 正确选用仪表量程：大于电路工作电流和电压； (4) 注意功率表电流线圈与电压线圈及同名端的正确接线		
三相电路功率测试	4. 三相四线制功率测量	一表法测量三相对称电路功率		
		三表法测量三相不对称电路功率		
	5. 二表法测量三相三线制电路功率	三相电源线电压 380V	Y 接对称灯组	
			Y 接不对称灯组	
		三相电源线电压 220V	△接对称灯组	
			△接不对称灯组	
	6. 三相三线制对称电路无功功率测量	三相电源线电压 220V	△接对称灯组	
			△接对称电容器	
			灯与电容器并联对称△接	
	7. 测试数据分析	(1) 根据测量的数据，计算总功率 (2) 总结一表法、二表法和三表法测量三相有功功率的适用范围		
	8. 作业结束	断电拆线		
完工	9. 清理现场	器材摆放有序，作业环境清洁		
工作执行人签名：				工作监护人签名：

3. 学习评价

对以上任务完成的过程进行评价见表 4.7.7。

表 4.7.7　　　　　　　　　　　　　**学 习 评 价 表**

自我评价	以上 9 个作业步骤，每错一个步骤扣 1 分，共计 10 分				得分：
小组评价	课前准备	安全文明操作	工作认真、专心、负责	团队沟通协作，共同完成工作任务	实训报告书写
	每项 2 分，共计 10 分				得分：
教师评价					

【知识认知】

1. 三相电路功率

三相交流电路的功率与单相交流电路一样，包括有功功率、无功功率和视在功率。

（1）有功功率。三相电路总的有功功率等于各相有功功率之和，即

$$P = P_A + P_B + P_C = U_A I_A \cos\varphi_A + U_B I_B \cos\varphi_B + U_C I_C \cos\varphi_C$$

式中　φ_A、φ_B、φ_C——A相、B相、C相电路相电压与相电流之间的相位差。

在对称三相电路中，每相电路的功率相同，为 $P_P = U_P I_P \cos\varphi_P$；三相总功率为 $P = 3U_P I_P \cos\varphi_P = \sqrt{3} U_L I_L \cos\varphi_P$。

（2）无功功率。三相电路的总无功功率等于各相无功功率之和，即

$$Q = Q_A + Q_B + Q_C = U_A I_A \sin\varphi_A + U_B I_B \sin\varphi_B + U_C I_C \sin\varphi_C$$

式中　φ_A、φ_B、φ_C——各相电压与相电流之间的相位差。

在对称三相电路中，每相电路的无功功率相同，为 $Q_P = U_P I_P \sin\varphi_P$；三相总无功功率为 $Q = 3U_P I_P \sin\varphi_P = \sqrt{3} U_L I_L \sin\varphi_P$。

（3）视在功率。三相电路的总视在功率为

$$S = \sqrt{P^2 + Q^2}$$

三相对称电路的总视在功率为

$$S = \sqrt{3} U_L I_L$$

2. 三相电路有功功率测量

用单相功率表测量三相电路有功功率的方法有一表法、二表法及三表法。

（1）一表法。一表法适用于三相对称电路功率的测量。即用一只单相功率表测量一相电路的功率 P_1，则三相总功率 $P = 3P_1$。

（2）二表法。在三相三线制供电的电路中，可用两只功率表测量三相功率。二表法测量三相电路功率的接线方式是：两只单相功率表的电流线圈分别串联到任意两根相线上，且电流线圈的"＊"端须接在电源侧；两只单相功率表的电压线圈的"＊"端须各自接到电流线圈的"＊"端，而电压线圈的非"＊"端必须同时接到没有接入单相功率表线圈的第三根相线上。原理图如图4.7.2所示。每只单相功率表的电流线圈通过的是线电流，加在电压线圈两端的是线电压，因而每只单相功率表的读数无直接的物理意义，但是两只单相功率表读数的代数和即为三相电路总功率，即 $P = P_1 + P_2$。

需要注意的是，若负载功率因数低于0.5时，会有一只功率表的读数为负值，需换接电流线圈的两个端钮，读数应取负值。

（3）三表法。三表法是用三只单相功率表测量三相电路功率。三表法适用于三相四线制电路功率的测量，接线图如图4.7.1所示。三相电路的总功率为三只功率表读数之和，即 $P = P_1 + P_2 + P_3$。

3. 三相电路无功功率测量

用单相功率表测量三相电路无功功率的方法有一表跨相法、二表跨相法及三表跨相法。一表跨相法和二表跨相法适用于对称三相电路，三表跨相法适用于对称或不对称三相

电路。

(1) 一表跨相法。一表跨相法的接线原理图如图 4.7.3 所示。功率表的电流线圈串联在任一相中，且电流线圈的"＊"端须接在电源侧；电压线圈跨接在另外两相上，电压线圈的"＊"端须接在电流线圈所在的正相序的下一相上。三相电路的总无功功率等于单相功率表读数的 $\sqrt{3}$ 倍，即 $Q=\sqrt{3}P$。

当负载为电感性时，指针正向偏转；负载为电容性时，指针反向偏转（读数取负值）。

(2) 二表跨相法。二表跨相法的接线原理图如图 4.7.4 所示。每只单相功率表都按照一表跨相法接线，单相功率表的电流线圈可接在三相中的任意两相上，负载对称时，两表读数相等 $（P_1=P_2）$，三相电路总无功功率 $Q=\dfrac{\sqrt{3}}{2}(P_1+P_2)$。

二表跨相法一般用在对称三相电路中，其虽比一表跨相法多用一只功率表，但当电压不完全对称时，它比一表跨相法的误差小。

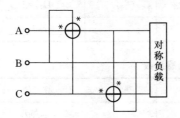 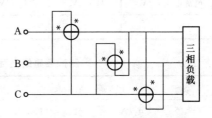

图 4.7.4 二表跨相法测无功功率　　图 4.7.5 三表跨相法测无功功率

(3) 三表跨相法。三表跨相法的接线原理图如图 4.7.5 所示。每只单相功率表都按照一表跨相法接线，单相功率表的电流线圈分别串接在 A、B、C 线上。对称或不对称三相电路均可以用三表跨相法测量功率。三相电路总无功功率 $Q=\dfrac{1}{\sqrt{3}}(P_1+P_2+P_3)$。

任务 4.8　同名端及互感系数测试

【一体化学习任务书】

工作负责人：_____

工作班组：_____ 班_____ 级_____ 组

1. 任务分析

互感现象的应用非常广泛，如变压器中的绕组，收音机、电视机中的中周线圈、振荡线圈等都是耦合电感元件，要掌握这些电器的工作原理，就需要熟悉这类耦合电感元件的特性。本实训任务学习互感线圈同名端及互感系数的测试方法。

本任务实训电路图如图 4.8.1～图 4.8.3 所示。

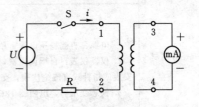

图 4.8.1 直流法测试同名端

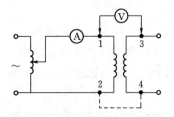

图 4.8.2　交流法测试同名端　　　　图 4.8.3　互感系数测试

本任务测量内容及测量数据见表 4.8.1 及表 4.8.2。

表 4.8.1　　　　　　　　　　　　　测试互感线圈同名端

直流法	电源电压 U/V	开关闭合瞬间，毫安表指针偏转方向			验证结果
					＿＿端与＿＿端是同名端
交流法	电源电压 U/V	U_{13}/V	U_{12}/V	U_{34}/V	$U_{13}=U_{12}$＿＿U_{34}
					＿＿端与＿＿端是同名端

表 4.8.2　　　　　　　　　　　　测试互感线圈互感系数

电源电压 U/V	测　量　值		计　算　值
	I_1/A	U_{20}/V	$M=U_{20}/\omega I_1$

2. 任务实施

本任务实施见表 4.8.3～表 4.8.5。

表 4.8.3　　　　　　　　　　　　电工作业工作票

工作任务：同名端及互感系数测试	
工作时间：	工作地点：
任务目标	1. 根据工作内容正确选择和使用仪器、仪表 2. 读懂电路图 3. 能判别互感线圈的同名端 4. 能测定互感电路互感系数
	仪器、仪表、工具 ／ 准备情况
任务器材	1. 电源：直流稳压电源，单相交流电源 2. 仪器仪表：自耦调压器，指针式直流电流表，指针式直流毫安表或指针式直流毫伏表，交流电压表，交流电流表 3. 铁芯变压器，电阻器 1kΩ

续表

	相关知识技能	相关资源
预备知识和技能	1. 自耦调压器、直流稳压电源的正确使用 2. 自感线圈、互感线圈知识 3. 同名端、互感系数的概念	1. 教材：电工与电气测量实训教程 2. 作业票：工作票、申请票、操作票 3. 其他媒体资源

工作票签发人签名：

表 4.8.4　　　　　　　　　　电 工 作 业 申 请 票

工作人员要求		作业前准备工作	
身体健康、精神饱满	爱护设备，保持环境清洁	掌握预备知识和技能	提前填写作业票相关内容
认真负责，团结协作	持作业票作业	清楚作业程序	做好安全保护措施
严格执行工作程序、规范及安全操作规程		准备好后提出作业申请	
作业执行人签名：		作业许可人签名：	

表 4.8.5　　　　　　　　　　电 工 作 业 操 作 票

学习领域：电工与电气测量			项目 4：交流电路分析与测试		
任务 4.8：同名端及互感系数测试				学时：2 学时	
作业步骤		作业内容及标准		作业标准执行情况	
开工准备	1. 电路元件情况	检测电路元件	用万用表检测电感线圈、电阻器		
	2. 电路图	识读电路原理图	读懂并正确绘出		
	3. 作业危险点	(1) 直流电源及交流电源电压勿超过实验所需规定值； (2) 正确选用仪表：直流法用直流表、交流法用交流表； (3) 交流法时，电流不超过线圈额定电流			
同名端与互感系数测试	4. 直流法测定互感线圈同名端	调节直流压电源电压至 6V； 指针式直流电流表量程选为 2mA			
		按图接线			
		闭合电压源开关 S 的瞬间，观察毫安表（或毫伏表）指针摆动方向，判断同名端			
	5. 交流法测定互感线圈同名端	调压器从 0V 开始缓慢升高至 3V			
		按图接线			
		交流电压表测量各电压 U_{13}、U_{12}、U_{34}			
		判别同名端			
	6. 互感线圈互感系数测定	调压器从 0V 开始缓慢升高至 3V			
		按图接线			
		交流电流表、电压表测量 U_{20}、I_1			
		计算互感系数			
	7. 作业结束	断电拆线			
完工	8. 清理现场	器材摆放有序，作业环境清洁			
工作执行人签名：				工作监护人签名：	

147

3. 学习评价

对以上任务完成的过程进行评价见表 4.8.6。

表 4.8.6　　　　　　　　　　　学 习 评 价 表

自我评价	以上 8 个作业步骤，每错一个步骤扣 1 分，共计 10 分				得分：
小组评价	课前准备	安全文明操作	工作认真、专心、负责	团队沟通协作，共同完成工作任务	实训报告书写
	每项 2 分，共计 10 分				得分：
教师评价					

【知识认知】

1. 互感

当一个线圈所产生的磁通与另一个线圈相交链，使之产生感应电压的现象称为互感现象。所产生的感应电压称为互感电压，两个线圈称为耦合线圈或互感线圈。互感线圈中，互感磁链 ψ 与产生此磁链的电流 i 的比值，称之为互感系数，简称互感，用符号 M 表示，单位是亨（H）。M 值反映了一个线圈在另一个线圈中产生磁链的能力，其与线圈的结构、媒介质的磁导率、相互几何位置有关，与线圈中的电流无关。

两个互感线圈中只有部分磁通相交链，而彼此不交链的那一部分磁通称为漏磁通。为了定量地描述两个耦合线圈耦合的紧密程度，引入耦合系数 k。对自感为 L_1 和 L_2 的两个线圈，耦合系数 k 为

$$k = \frac{M}{\sqrt{L_1 L_2}}$$

k 的取值范围是：$0 \leqslant k \leqslant 1$。若 $M = 0$，说明两个线圈没有磁耦合，因此不存在互感；若 $M = \sqrt{L_1 L_2}$，$k = 1$ 时，说明两个线圈耦合得最紧，一个线圈产生的磁通全部与另一个线圈相交链，没有漏磁通，因此，产生的互感最大，这种情况称为全耦合。

2. 同名端

互感电压的极性与线圈的绕向有关，如果已知线圈的绕向，可以运用楞次定律判断感应电压的方向，将两个互感线圈在同一变化磁通的作用下，感应电压极性相同的端钮叫同名端，两个线圈的同名端用符号"＊"表示。

实际的互感线圈的绕向通常是不易观察出来的，如变压器、互感器的绕组等。此外在电路图中通常也不画出线圈的实际绕向，因为要把每个线圈的绕法和各线圈的相对位置都画出来，再来判断感应电压的极性是很不方便的。为此通常采用实验的方法来判别同名端，同名端一旦确定，互感电压的方向也就随之确定了，而不需要知道线圈的实际绕向。

3. 同名端及互感系数的测试

（1）直流法测试互感线圈同名端。

实验电路图如图 4.8.1 所示。在开关 S 闭合瞬间，电流从线圈的端点 1 流入，若此时电流表（或毫伏表）的指针向正方向偏转，则说明端子 1 与 3 是同名端；若指针反方向偏转，则 1 与 4 是同名端。

（2）交流法测试互感线圈同名端。

实验电路图如图 4.8.2 所示。将两个线圈的任意两端（如 2、4 端）联在一起，其中一个线圈接低压（3V）交流电源，另一个线圈开路，用交流电压表分别测电压 U_{13}、U_{12}、U_{34}，若 $U_{13}=U_{12}-U_{34}$，则 1、3 两端钮为同名端；若 $U_{13}=U_{12}+U_{34}$，则 1 与 4 是同名端。

（3）测试互感线圈互感系数。

实验电路图如图 4.8.3 所示。互感线圈 1、2 侧接低压（3V）交流电源，3、4 侧开路，测量电流 I_1 和电压为 U_2，则

$$U_2=\omega M I_1$$

故

$$M=\frac{U_2}{\omega I_1}$$

项目 5 触 电 急 救 训 练

知识目标：

1. 了解人体触电形式及其影响因素。
2. 掌握触电急救措施。

能力目标：

1. 能在用电过程中采取正确的触电防护措施。
2. 能根据触电者的具体情况实施有效的触电急救措施。

任务 5.1 认知人体触电及其影响因素

【一体化学习任务书】

工作负责人：＿＿＿＿＿＿

工作班组：＿＿＿＿＿班＿＿＿＿＿级＿＿＿＿＿组

1. 任务分析

在电工作业中，触电是最常见的一类事故，且其造成的伤害后果比较严重。触电是指人体接触或接近带电体，电流对人体造成的伤害。为了避免发生触电事故，需要了解触电对人体伤害的因素及后果，提高安全用电意识。

通过本项目学习，完成任务习题见表 5.1.1。

表 5.1.1   触 电 知 识 学 习

1. 触电是指＿＿＿＿＿＿＿＿＿＿＿＿＿＿＿＿＿＿＿＿＿＿＿＿＿＿＿＿＿＿＿＿＿＿。
2. 电流对人体的伤害形式分为＿＿＿＿＿＿＿＿和＿＿＿＿＿＿＿＿。
3. 电伤是指＿＿＿＿＿＿＿＿＿＿＿＿＿＿＿＿＿＿＿＿＿＿＿＿＿＿＿＿＿＿＿＿。
4. 常见的电伤现象有＿＿＿＿＿＿＿＿＿＿＿＿＿＿＿＿＿＿＿＿＿＿＿＿＿＿＿＿。
5. 电击是指＿＿＿＿＿＿＿＿＿＿＿＿＿＿＿＿＿＿＿＿＿＿＿＿＿＿＿＿＿＿＿＿。
6. 影响电击伤害程度的因素有＿＿＿＿＿＿＿＿＿＿＿＿＿＿＿＿＿＿＿＿＿＿＿＿ ＿＿＿＿＿＿＿＿＿＿＿＿＿＿＿＿＿＿＿＿＿＿＿＿＿＿＿＿＿＿＿＿＿＿＿＿＿。
7. 电击使人致死的主要原因是＿＿＿＿＿＿＿＿＿＿＿＿＿＿＿＿＿＿＿＿＿＿＿＿ ＿＿＿＿＿＿＿＿＿＿＿＿＿＿＿＿＿＿＿＿＿＿＿＿＿＿＿＿＿＿＿＿＿＿＿＿＿。
8. 感知电流是指＿＿＿＿＿＿＿＿＿＿＿＿＿＿＿＿＿＿＿＿＿＿＿＿＿＿＿＿＿＿。
9. 摆脱电流是指＿＿＿＿＿＿＿＿＿＿＿＿＿＿＿＿＿＿＿＿＿＿＿＿＿＿＿＿＿＿。
10. 致命电流是指＿＿＿＿＿＿＿＿＿＿＿＿＿＿＿＿＿＿＿＿＿＿＿＿＿＿＿＿＿＿。

2. 任务实施

本任务实施见表 5.1.2～表 5.1.4。

表 5.1.2　　　　　　　　　　电工作业工作票

工作任务：认知人体触电及其影响因素		
工作时间：		工作地点：
任务目标	1. 认识电流对人体的伤害 2. 认识影响触电程度的因素	
预备知识 和技能	相关知识技能	相关资源
	1. 电流对人体伤害的形式 2. 电流对人体伤害的因素	1. 教材：电工与电气测量实训教程 2. 作业票：工作票、申请票、操作票 3. 多媒体课件，视频资料，网络资源
工作票签发人签名：		

表 5.1.3　　　　　　　　　　电工作业申请票

工作人员要求		作业前准备工作	
身体健康、精神饱满	爱护设备，保持环境清洁	掌握预备知识和技能	提前填写作业票相关内容
认真负责，团结协作	持作业票作业	清楚作业程序	做好安全保护措施
严格执行工作程序、规范及安全操作规程		准备好后提出作业申请	
作业执行人签名：			作业许可人签名：

表 5.1.4　　　　　　　　　　电工作业操作票

学习领域：电工与电气测量		项目5：触电急救训练	
任务 5.1：认知人体触电及其影响因素			学时：2 学时
作业步骤		作业内容及标准	作业标准执行情况
任务 准备	1. 下发学习任务	明确任务目标	
	2. 学生分组，制定 学习计划	制定完成学习任务的计划，明确分工，确定可行计划 和方案	
任务 实施	3. 查阅资料，学习 触电事故的相关知识	(1) 通过各种学习资源，研讨人体触电及其影响因素 的相关知识； (2) 完成任务习题； (3) 查找有关触电事故案例，分析触电原因	
	4. 分组整理任务	制作 PPT 或总结报告	
	5. 汇报任务完成 情况	以小组为单位汇报触电知识学习情况	
完工	6. 收集整理所有 资料	完成学习总结	
工作执行人签名：			工作监护人签名：

3. 学习评价

对以上任务完成的过程进行评价见表 5.1.5。

表 5.1.5　　　　　　　　　　　　　学习评价表

自我评价	以上 6 个作业步骤，全部完成为优秀，缺或错一步为良好，其他为加油				得分：
小组评价	课前准备	安全文明操作	工作认真、专心、负责	团队沟通协作，共同完成工作任务	实训报告书写
	每项 2 分，共计 10 分				得分：
教师评价					

【知识认知】

1. 电流对人体伤害的形式

触电事故是因为人体接触或接近带电体，对人体产生的生理和病理的伤害。按照电流对人体的伤害程度的不同，将伤害形式分为电击和电伤两种。

(1) 电伤。电伤是由于电流的热效应、化学效应、机械效应等对人体造成的伤害，如电灼伤、电烙印、皮肤金属化等。

1) 电灼伤。灼伤是电流的热效应造成的伤害。严重的电弧烧伤发生在高压设备上，如带负荷拉合隔离开关、线路短路而产生的强烈电弧，电灼伤也发生在低压设备短路或断开较大电流时。电弧灼伤会使皮肤发红、起泡、组织烧焦、坏死等。电灼伤一般需要治疗的时间较长。

2) 电烙印。电烙印发生在人体与带电体接触的部位，在皮肤表面留下永久性斑痕，斑痕处皮肤失去弹性，表皮坏死。有时电烙印并不立即出现，而在相隔一段时间后才出现。

3) 皮肤金属化。由于电流的作用使熔化和蒸发了的金属微粒，渗入人体的皮肤时，使皮肤坚硬和粗糙而呈现特殊的颜色。皮肤金属化多是在弧光放电时发生和形成的，在一般情况下，此种伤害是局部性的。金属化后的皮肤经过一段时间后方能自行脱落，对身体机能不会造成不良的后果。

电伤在不是很严重的情况下，一般无致命危险。

(2) 电击。电流直接通过人体，造成对人体的伤害称为电击。电流通过人体内部造成人体器官的损伤，影响人的呼吸、心脏和神经系统的正常工作。在很多情况下，电伤和电击是同时发生的，但 380/220V 工频电压下的触电死亡，绝大部分是电击所致。

2. 影响电击伤害程度的因素

通常所说的触电指的是电击。电击对人体的伤害程度取决于通过人体电流的大小、电流持续时间、电流流过人体的途径、电流的频率以及人体的状况等因素。

(1) 电流的大小。通过人体的电流越大，人的生理反应和病理反应越明显，人体受到的伤害越大，致命的危险性也越大。按照人体呈现的状态，可将通过人体的电流分为三个级别。表 5.1.6 为通过人体电流大小与人体伤害程度的关系。

(2) 电流作用于人体的时间。电流在人体内作用的时间越长，电击危险性越大，主要原因是：

1) 人体电阻减小。电击持续时间越长，人体电阻由于出汗、击穿、电解而下降，电击危险性越大。

表 5.1.6　　　　　　　　　通过人体电流大小与人体伤害程度的关系　　　　　　单位：mA

名称	定　义	对成年男性		对成年女性
感知电流	通过人体引起人有感觉的最小电流	工频	1.1	0.7
		直流	5.2	3.5
摆脱电流	人触电后能自行摆脱带电体的最大电流	工频	16	10.5
		直流	76	51
致命电流	短时间内使人致命的最小电流	工频	30～50	
		直流	1300(0.3s)、50(3s)	

2）能量增加。电流持续时间越长，体内积累外界电能越多，伤害程度增高，表现为室颤电流减小。

3）中枢神经反射增强。电击持续时间越长，中枢神经反射越强烈，电击危险性越大。因此，当发现有人触电时，应当迅速使触电者摆脱带电体。

（3）电流在人体内流通的途径。当电流路径通过人体心脏时，其电击伤害程度最大。若电流路径是左手至脚，电流途径心脏且电流的路径最短，因此是最危险的。

人体在电流的作用下，没有绝对安全的途径。电流通过心脏会引起心室颤动乃至心脏停止跳动而导致死亡；电流通过中枢神经及有关部位，会引起中枢神经强烈失调而导致死亡；电流通过头部，严重损伤大脑，也可能使人昏迷不醒而死亡；电流通过脊髓会使人截瘫；电流通过人的局部肢体也可能引起中枢神经强烈反射而导致严重后果。电流从左脚至右脚这一电流路径时，危险性小，但人体可能因痉挛而摔倒，导致电流通过全身或发生二次事故，从而产生严重后果。

（4）电流种类。不同种类电流对人体伤害的构成不同，危险程度也不同，但各种电流对人体都有致命危险。

交流电的危害性大于直流电，因为交流电主要是麻痹破坏神经系统，往往难以自主摆脱。当电压在 250～300V 以内时，触及工频交流电的危险要比直流电的危险性大 3～4倍。不同频率的交流电流对人体的影响也不同。常用的 50～60Hz 的工频交流，从设计电气设备角度考虑是比较合理的，但对人体触电伤害程度最为严重，频率偏离工频越远，伤害越轻。在直流和高频情况下人体可以耐受更大的电流值，如高频率的交流电可用来作为理疗之用。但高压高频电流对人体仍然是十分危险的。

（5）人体电阻。人体受到电击时，流过人体的电流在接触电压一定时，人体电阻越小，流过电流则越大，人体所遭受的伤害也越大。

人体电阻包括表皮阻抗和体内电阻。皮肤电阻在人体电阻中占有较大的比例，人体的电阻不是固定不变的，而与许多因素有关，如接触电压，持续时间，接触面积，皮肤的潮湿、脏污、完好程度等。在皮肤干燥时，人体工频电阻一般为 1000～3000Ω。

（6）人体状况。电流对人体影响的轻重程度与人的年龄、性别以及健康状况和精神状态有很大的关系。一般情况下，女性比男性对电流敏感，小孩比成人敏感。患有心脏病、肺病、内分泌失常、中枢神经系统疾病及酒醉者等，其触电的危险性最大，所以，对于电气工作人员应当经常或定期进行严格的体格检查。

任务 5.2　认知心肺复苏术

【一体化学习任务书】

工作负责人：＿＿＿＿＿＿

工作班组：＿＿＿＿＿＿班＿＿＿＿＿＿级＿＿＿＿＿＿组

1. 任务分析

发生触电事故时，要尽最大努力抢救生命、减少触电伤亡，其关键是在现场采取及时正确、积极有效的急救措施。因此，对于电气工作人员和所有现场用电人员，掌握触电急救知识是非常重要的。本实训任务结合触电急救模拟人学习触电急救措施。

本任务实训图如图 5.2.1 和图 5.2.2 所示。要求完成见表 5.2.1。

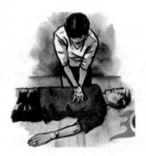　　　　　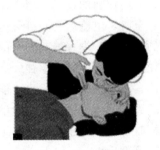

图 5.2.1　胸外心脏挤压　　　　　　图 5.2.2　人工呼吸

表 5.2.1　　　　　　　　　　　　触电急救知识学习

1. 发生触电后现场抢救的原则是＿＿。
2. 什么情况下用心肺复苏法＿＿。
3. 心肺复苏法的三项基本措施是＿＿。
4. 胸外按压的频率是＿＿＿＿＿＿＿＿＿＿＿＿＿＿＿＿＿＿＿＿＿＿＿＿＿＿＿＿＿＿＿＿＿＿＿＿＿。
5. 开放气道应采用＿＿＿＿＿＿＿＿＿＿＿＿＿＿＿＿＿＿＿＿＿＿＿＿＿＿＿方法。
6. 开放气道严禁做什么＿＿＿。
7. 总结胸外按压的要点＿＿＿＿＿＿＿＿＿＿＿＿＿＿＿＿＿＿＿＿＿＿＿＿＿＿＿＿＿＿＿＿＿＿＿＿。
8. 口对鼻人工呼吸适用于什么情况＿＿＿＿＿＿＿＿＿＿＿＿＿＿＿＿＿＿＿＿＿＿＿＿＿＿＿＿＿＿＿＿＿＿＿＿＿。

2. 任务实施

本任务实施见表 5.2.2～表 5.2.4。

表 5.2.2　　　　　　　　　　　　　**电 工 作 业 工 作 票**

工作任务：认知心肺复苏术				
工作时间：			工作地点：	
任务目标	1. 掌握触电后脱离电源的方法 2. 掌握触电急救方法			
任务器材	仪器、仪表、工具			准备情况
	触电急救模拟人，医用纱布			
预备知识 和技能	相关知识技能		相关资源	
	1. 人体触电后表现 2. 触电急救原则 3. 脱离电源一般方法 4. 心肺复苏法		1. 教材：电工与电气测量实训教程 2. 作业票：工作票、申请票、操作票 3. 心肺复苏术教学片 4. 其他媒体资源	
工作票签发人签名：				

表 5.2.3　　　　　　　　　　　　　**电 工 作 业 申 请 票**

工作人员要求		作业前准备工作	
身体健康、精神饱满	爱护设备，保持环境清洁	掌握预备知识和技能	提前填写作业票相关内容
认真负责，团结协作	持作业票作业	清楚作业程序	做好安全保护措施
严格执行工作程序、规范及安全操作规程		准备好后提出作业申请	
作业执行人签名：		作业许可人签名：	

表 5.2.4　　　　　　　　　　　　　**电 工 作 业 操 作 票**

学习领域：电工与电气测量		项目 5：触电急救训练		
任务 5.2：认知心肺复苏术				学时：2 学时
作业步骤		作业内容及标准		作业标准执行情况
任务 准备	1. 下发学习任务和任务器材	(1) 明确任务目标； (2) 熟悉触电模拟人使用方法； (3) 完成任务习题		
	2. 学生分组，制定任务实施计划	制定完成学习任务的计划，明确分工，确定可行计划和方案		
	3. 观看心肺复苏术教学片	掌握心肺复苏术的技术要领		
任务 实施	4. 判别触电者症状，确定急救方案	有无呼吸和有无心跳的检查应分别在 5s 内完成		
	5. 胸外心脏挤压	(1) 触电者症状：有呼吸，心跳停； (2) 抢救方法：正确压点很重要，掌根下压不冲击，突然放松手不离；成人压陷 5cm，1s 二次较适宜		
	6. 口对口人工呼吸	(1) 触电者症状：呼吸微弱甚至停止，但心跳尚存； (2) 抢救方法：清口捏鼻手抬颔，深吸缓吹口对紧；张口困难吹鼻孔，吹气 2s 松 3s，5s 循环不放松		
	7. 口对口人工呼吸和胸外心脏挤压法并用	(1) 触电者症状：呼吸和心跳均停止； (2) 抢救方法：按压与呼吸比 30：2，反复交替不间断		
完工	8. 清理现场	器材摆放有序，作业环境清洁		
工作执行人签名：				工作监护人签名：

3. 学习评价

对以上任务完成的过程进行评价见表 5.2.5。

表 5.2.5 学 习 评 价 表

自我评价	以上 8 个作业步骤，全部完成为优秀，缺或错一步为良好，其他为加油				得分：
小组评价	课前准备	安全文明操作	工作认真、专心、负责	团队沟通协作，共同完成工作任务	实训报告书写
	每项 2 分，共计 10 分				得分：
教师评价					

【知识认知】

1. 人体触电后的表现

人体触电时常见的临床表现如下。

(1) 轻型：精神紧张，面色苍白，触电处麻痹，呼吸、心跳加速，头晕，敏感的人可发生休克，倒在地上，但很快恢复。

(2) 假死：所谓假死，即触电者丧失知觉、面色苍白、瞳孔放大、脉搏和呼吸停止。可分为 3 种类型：心跳停止，尚能呼吸；呼吸停止，心跳尚存，但脉搏很微弱；心跳、呼吸均停止。由于触电时心跳或呼吸是突然停止的，虽然中断了供血供氧，但人体的某些器官还存在微弱活动，有些组织的细胞新陈代谢还在进行，加之一般体内重要器官并未损伤，只要及时进行抢救，极有救活的可能。

2. 触电急救原则

现场急救的原则是："迅速、就地、准确、坚持"八个字。

(1) 迅速：就是要动作迅速，切不可惊慌失措，要争分夺秒、千方百计地使触电者脱离电源，并将触电者放到安全地方。

(2) 就地：就是要争取时间，在现场（安全地方）就地抢救触电者。

(3) 准确：就是抢救的方法和施行的动作姿势要正确。

(4) 坚持：急救必须坚持到底，直至医务人员判定触电者已经死亡，已再无法抢救时，才能停止抢救。

3. 脱离电源

触电急救，首先要使触电者迅速脱离电源，越快越好。因为电流作用的时间越长，伤害越重。

(1) 脱离低压电源：

1)"拉"。就近拉开电源开关。

2)"切"。如果距电源开关较远，或者断开电源有困难，可用带有绝缘柄的电工钳，或有干燥木柄的斧头、铁锹等利器将电源线切断，此时，应防止带电导线断落触及其他人体。

3)"挑"。当导线搭落在触电者身上或压在身下时，可用干燥的木棒、竹竿等挑开导线，或用干燥的绝缘绳索套拉导线或触电者，使其脱离电源。

4)"垫"。如触电者由于肌肉痉挛，手指紧握导线不放松或导线缠绕在身上时，可首先用干燥的木板塞进触电者身下，使其与地绝缘，然后再采取其他办法切断电源。

5)"拽"。触电者的衣服如果是干燥的，又没有紧缠在身上，不至于使救护人直接触及触电者的身体时，救护人可用几层干燥的衣服将手裹住，或者站在干燥的木板、木桌椅或绝缘橡胶垫等绝缘物上，用一只手拉触电者的衣服，使其脱离电源。

(2)脱离高压电源：

1)立即通知有关部门停电。

2)戴上绝缘手套，穿上绝缘鞋，使用相应电压等级的绝缘工具，拉开高压跌开式熔断器或高压断路器。

3)抛掷裸金属软导线，使线路短路，迫使继电保护装置动作，切断电源，但应保证抛掷的导线不触及触电者和其他人。

(3)注意事项：

1)应防止触电者脱离电源后可能出现的摔伤事故。

2)未采取任何绝缘措施，救护人不得直接接触触电者的皮肤和潮湿衣服。

3)救护人不得使用金属和其他潮湿的物品作为救护工具。

4)在使触电者脱离电源的过程中，救护人最好用一只手操作，以防救护人触电。

5)夜间发生触电事故时，应解决临时照明问题，以便在切断电源后进行救护，同时应防止出现其他事故。

4. 对症救治

触电者脱离电源后，应立即就近移至干燥通风的场所，再根据情况迅速进行现场救护，同时应通知医务人员到现场，并做好送往医院的准备工作。

现场救护可按以下办法进行：

(1)确定触电者症状。确定触电者有无知觉，如呼其姓名，轻摇触电者身体，看其有无反应；确定触电者有无呼吸，可用手放在触电者的鼻孔处，或观察胸腹部有无起伏动作，判断触电者有无呼吸；确定触电者有无心跳，可触摸颈动脉的脉搏或在胸前听心声，判断触电者有无心跳；确定触电者瞳孔是否放大，

(a)检查呼吸　　　　(b)检查心跳

图 5.2.3　检查触电者症状

可用大拇指和食指将触电者眼皮翻开观察，如图 5.2.3 所示。

确定触电者情况的诊断力求快速。有无呼吸和有无心跳的检查应分别在 5s 内完成。

(2)确定急救方案。触电者所受伤害不太严重：如触电者神志清醒，只是感觉心慌、四肢发麻、全身无力，一度昏迷，但未失去知觉，此时应使触电者静卧休息，以减轻心脏负荷，同时应严密观察，如在观察过程中，发现呼吸或心跳很不规律甚至接近停止时，应赶快进行抢救，请医生前来或送医院诊治。

触电者的伤害情况较严重：呼吸、心跳尚存在，但神志不清。应使其仰卧，保持空气流通，注意保暖，并立即通知医疗部门。同时应严密观察，做好急救准备。

触电者伤害很严重：心脏和呼吸都已停止、瞳孔放大、失去知觉，应立即按心肺复苏

法支持生命的三项基本措施，正确进行就地抢救，即 C—胸外挤压，P—打开气道，R—人工呼吸，有条件可采取 D—自动体外除颤。

5. **心肺复苏法（CPR）**

（1）胸外心脏挤压法：

1）正确压点。将触电人衣服解开，仰卧在地上或硬板上，不可躺在软的地方，找到正确的挤压点，如图 5.2.4（a）所示。

2）叠手姿势。救护人站立或跪在触电人的一侧肩旁，或分腿跨跪在触电者身体两侧，两手掌根相叠，手指翘起，不接触触电者胸壁，如图 5.2.4（b）所示。

3）向下挤压。以髋关节为支点，利用上身的重力，两臂伸直垂直用力向下压，如图 5.2.4（c）所示。成人压陷至少 5cm，对儿童和瘦弱者酌减。

4）迅速放松。挤压后掌根很快全部放松，如图 5.2.4（d）所示，让触电人胸廓自动复原，注意每次放松时掌根不离开胸，以免移位。

胸外挤压要以均匀速度进行，每分钟至少 100 次，每次按压和放松的时间相等。

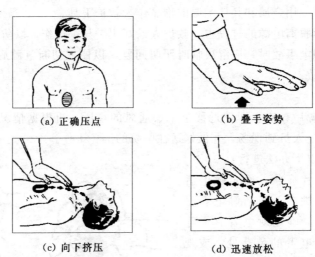

（a）正确压点　　　　　　　　　（b）叠手姿势

（c）向下挤压　　　　　　　　　（d）迅速放松

图 5.2.4　胸外心脏挤压法

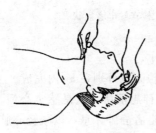

图 5.2.5　仰头抬颏法

（2）开放气道。触电伤员呼吸停止，重要的是始终确保气道通畅。如发现伤员口内有异物，可将其身体及头部同时侧转，迅速用一个手指或用两手指交叉从口角处插入，取出异物；操作中要注意防止将异物推到咽喉深部。

开放气道可采用仰头抬颏法。用一只手放在触电者前额，另一只手的手指将其下颌骨向上抬起，两手协同将头部推向后仰，使颏与耳连线垂直于地面，此时，舌根随之抬起，气道即可通畅。严禁用枕头或其他物品垫在触电者头下，否则会影响通气，如图 5.2.5 所示。

（3）口对口（鼻）人工呼吸法：

1）头部后仰。使头尽量后仰，让鼻孔朝天，如图 5.2.6（a）所示，这样，舌头根部就不会阻塞气道，保持伤员气道通畅；同时，很快解开伤员的领口和衣服。

2）捏鼻掰嘴。救护人在触电人的头部左边或右边，用一只手捏紧伤员的鼻孔，另一只手的拇指和食指掰开嘴巴，如图 5.2.6（b）所示；如果掰不开嘴巴，可用口对鼻人工呼吸法，捏紧嘴巴，紧贴鼻孔吹气。

3）贴紧吹气。深吸气后，紧贴掰开的嘴巴吹气，如图 5.2.6（c）所示，也可隔一层布吹；吹气时要使他的胸部膨胀，吹气 2s，放松 3s，约 5s 为一个循环；小孩肺小，只能小口吹气。

4）放松换气。救护人换气时，放松触电人的嘴和鼻，让他自动呼气，如图 5.2.6（d）所示。

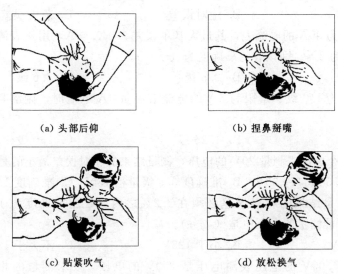

(a) 头部后仰　　　　　　　　　　(b) 捏鼻掰嘴

(c) 贴紧吹气　　　　　　　　　　(d) 放松换气

图 5.2.6　口对口人工呼吸法

（4）挤压和吹气交替进行。心肺复苏时，胸外挤压与人工呼吸同时进行，按压与人工呼吸比为每按压 30 次以后，吹气 2 次（30∶2），反复交替进行。

（5）复苏效果评估。反复 5 个循环后，进行复苏效果评估，如未成功则继续进行CTR，评估时间不超过 10s。

若判定颈动脉已有搏动但无呼吸，则暂停胸外按压，再进行 2 次口对口人工呼吸，接着每 5s 时间吹气一次；若脉搏和呼吸均未恢复，则继续坚持心脏复苏法抢救。

触电者死亡的五体征：心跳及呼吸停止；瞳孔固定放大，对强光无反映；背部、四肢等部位出现红色尸斑；身体僵冷；血管硬化或肛门松弛。在这五征象中，缺少一项，则都应只能当做假死，即昏迷休克，应尽力抢救，不可放弃。

附录 检测练习题

一、选择题

1. 当被测量不是同一值时，应该用（　　）的大小来判断测量的准确度。

A. 相对误差　　　　　　　B. 绝对误差　　　　　　　C. 疏失误差

2. 一个量程为 30A 的电流表，其最大基本误差为 ±0.45A，用该表测量 18A 的电流时，其相对误差为 2%。则该表的准确度为（　　）。

A. 1.5 级　　　　　　　　B. 2.5 级　　　　　　　　C. 2.0 级

3. 用准确度为 1.0 级、量限为 5A 的电流表测量 4A 电流时，则测量结果的准确度是（　　）。

A. 2.5 级　　　　　　　　B. 1.25 级　　　　　　　C. 1.0 级

4. 用下列三个电压表测量 20V 的电压，测量结果的相对误差最小的是（　　）表。

A. 准确度 1.5 级量程 30V　B. 准确度 0.5 级量程 150V　C. 准确度 1.0 级量程 50V

5. 当限定测量结果的相对误差必须在 ±2% 之内时，用准确度为 1.0 级、量程为 250V 的电压表所能测量的电压值是（　　）。

A. 大于 125V　　　　　　B. 小于 125V　　　　　　C. 不大于 125V

6. 用量限是 300V 的电压表测电压是 250V 的电压，要求测量的相对误差不大于 ±1.5%，则电压表准确度等级应为（　　）。

A. 1.25 级　　　　B. 1.3 级　　　　C. 1.5 级　　　　D. 1.0 级

7. 选择仪表时，若要求测量结果的准确度高，则仪表的（　　）是选择的主要方面。

A. 内阻　　　　B. 准确度　　　　C. 准确度及量限　　　　D. 量限及内阻

8. 防御外界磁场或电场性能最好的仪表是（　　）。

A. Ⅰ级表　　　　B. Ⅱ级表　　　　C. Ⅲ级表　　　　D. Ⅳ级表

9. 磁电式直读仪表的表头（测量机构）由（　　）等主要部件构成。

A. 固定线圈和动铁片　　B. 永久磁铁和转动线圈　　C. 固定线圈和转动线圈

10. 电磁式直读仪表的表头（测量机构）由（　　）等主要部件构成。

A. 固定线圈和动铁片　　B. 永久磁铁和转动线圈　　C. 固定线圈和转动线圈

11. 电动式直读仪表的表头（测量机构）由（　　）等主要部件构成。

A. 固定线圈和动铁片　　B. 永久磁铁和转动线圈　　C. 固定线圈和转动线圈

12. 只能测直流电的仪表是（　　）。

A. 磁电式仪表　　　　B. 电磁式仪表　　　　C. 电动式仪表

13. 磁电系仪表的准确度高，灵敏度高，功耗小，过载能力小，（　　）直接测量直流或周期变动电流的平均值。

A. 能   B. 不能

14. 磁电系测量机构与整流器配合便构成整流系测量机构；整流系测量机构（   ）直接测量正弦交流电流。

A. 能   B. 不能

15. 电磁系仪表（   ）交直流两用，过载能力强，刻度不均匀，防御外磁场能力弱。

A. 可以   B. 不可以

16. 磁电系仪表的磁场由（   ）产生，电磁系仪表的磁场由（   ）产生。

A. 永久磁铁   B. 通电线圈

17. 磁电系仪表的特点是（   ）。

A. 准确度高   B. 刻度不均匀   C. 不能测直流

18. 电磁系仪表的特点是（   ）。

A. 准确度高   B. 刻度不均匀   C. 防御外磁场能力强

19. 下面属于电磁系仪表技术特性的是（   ）。

A. 过载能力差   B. 交直流两用   C. 准确度高   D. 灵敏度高

20. 使用电磁系仪表测量交流时，其指示值为交流电的（   ）值。

A. 瞬时值   B. 最大值   C. 有效值

21. 磁电系测量机构关于游丝的作用不正确的是（   ）。

A. 产生反作用力矩

B. 将电流引入可动线圈

C. 帮助读数，相当于天平上的游码

22. 电磁系测量机构游丝的作用是（   ）。

A. 产生转动力矩

B. 产生反作用力矩并把电流导入可动线圈

C. 产生反作用力矩

D. 产生阻尼力矩

23. 电动系仪表的特点是（   ）。

A. 准确度低   B. 交直流两用   C. 过载能力强

24. 电流表应与电路串连接，其内阻应尽可能（   ）；电压表应与电路并连接，其内阻应尽可能（   ）。

A. 小   B. 大

25. 哪种仪表维护不正确（   ）。

A. 经常做零位调整   B. 不使用时应放在干燥通风处

C. 仪表应轻拿轻放   D. 仪表应放在强磁场中

26. 使用万用表测量电阻时，选择的倍率，应使指针偏转在标尺刻度的（   ）位置，读数较准确。

A. 2/3 以下   B. 2/3 以上   C. 中间刻度范围

27. 用万用表 R×1kΩ 挡检测电容器的质量时，若指针偏转后，返回时速度较慢，则说明被测电容器（　　）。

    A. 短路   B. 开路   C. 漏电   D. 容量较大

28. 万用表的 R×1kΩ 挡测量电阻，若指针指在欧姆标尺的 30Ω 处，则被测电阻值为（　　）。

    A. 30Ω   B. 1kΩ   C. 3kΩ   D. 30kΩ

29. 选择仪表量程时，一般应使指针偏转在标尺的（　　）位置，读数较准确。

    A. 2/3 以下   B. 2/3 以上   C. 中间刻度范围

30. 仪表的准确度等级越高，则测量结果的准确度（　　）。

    A. 越高   B. 越低   C. 不一定

31. 使用万用表的电阻挡，（　　）判断电气设备绝缘性能的好坏。

    A. 可以   B. 不可以

32. 使用测量用互感器，（　　）扩大直流电工仪表的量程。

    A. 可以   B. 不可以

33. 用钳型表测量 5A 以下电流时，可将被测导线多绕几圈穿入钳口，这时的读数（　　）就是实测值。

    A. 读数就是实测值   B. 读数除以绕的圈数   C. 读数乘以绕的圈数

34. 测量高电阻电路的电压和电流时，有电压表前接和电压表后接两种联接方式，哪种接法测量的精度较高（　　）。

    A. 电压表前接   B. 电压表后接   C. 两者一样

35. 用两表法则三相功率仅适用于（　　）。

    A. 对称三相负载的电路   B. 三相四线制电路   C. 三相三线制电路

36. 一负载的 $U_N = 220V$，电流 $2.5A < I < 5A$。用规格为 $\cos\varphi_N = 0.2$，刻度 150 格的功率表测量其功率时，若功率表接法正确，其读数为 10 格。则可知该负载的功率值为（　　）。

    A. 100W   B. 20W   C. 5W

37. 采用两表法测量三相三线制电路的功率，如果甲表读数为 50W，乙表读数为 60W，则该三相三线制电路的功率为（　　）。

    A. 50W   B. 60W   C. 110W   D. 3000W

38. 二元件三相电能表适用于（　　）电能的测量。

    A. 三相三线制   B. 三相四线制

    C. 三相三线或三相四线   D. 三相三线和三相四线

39. 兆欧表（摇表）的功用是（　　）。

    A. 测量绝缘电阻值   B. 检查短路   C. 测量兆欧级高电阻值

40. 要测量一个 10V 左右的电压，有两块电压表，其中一块量程为 150V，1.5 级，另一块为 15V，2.5 级，问选用哪一块合适（　　）。

    A. 两块都一样   B. 150V，1.5 级   C. 15V，2.5 级   D. 无法进行选择

41. 交流电压表都按照正弦波电压（　　）进行定度的。

    A. 峰值   B. 峰—峰值   C. 有效值   D. 平均值

42. 指针式万用表与数字式万用表比，其测量精度（　　），抗干扰能力（　　）。
A. 低　强　　　　　B. 高　强　　　　　C. 低　弱　　　　　D. 高　弱

43. 用于连接测量仪表的电流互感器应该选用（　　）。
A. 0.1级和0.2级　　　B. 0.2级和0.5级　　　C. 0.5级和3级

44. 交流电流表或交流电压表指示的数值是（　　）。
A. 平均值　　　　　B. 有效值　　　　　C. 最大值

45. 一负载电压为220V，额定功率为800W，功率因数为0.8，选择功率表的量限为（　　）。
A. 300V，4A　　　B. 300V，5A　　　C. 150V，10A　　　D. 250V，10A

46. 用兆欧表测量电机绕组等电器设备的绝缘电阻时，必须将被测电器设备（　　）。
A. 脱离电源　　　　B. 接通电源　　　　C. 接地

47. 用兆欧表测电气设备绝缘时，禁止（　　）设备。
A. 绝缘不良设备　　　B. 带电设备　　　C. 高电压设备

48. 使用摇表前，必须（　　）。
A. 先调零，然后将表水平放置
B. 先水平放置，再做开路试验及短路试验

49. 如果某变压器的直流电阻在0.05～0.9Ω间，应选用（　　）电桥。
A. 单臂电桥　　　　B. 双臂电桥

50. 双臂电桥适于测下列电阻（　　）。
A. 1Ω以下　　　B. 1～100kΩ　　　C. 100kΩ～1MΩ　　　D. 1MΩ以上

二、填空题

1. 测量误差就是测量结果与被测量真值的差别，测量误差的表示方法主要有两种，即（　　　　）和（　　　　）两种。

2. 用模拟万用表电阻挡交换表笔测量二极管电阻两次，其中电阻小的一次黑表笔接的是二极管的（　　　　）极。

3. 已知某色环电阻的色环从左到右分别为红、黑、棕、金，则该色环电阻的阻值为（　　　　）Ω。

4. 用电压表和电流表测量某电路负载两端的电压和流过的电流时，应将电压表与负载（　　　　）联、电流表与负载（　　　　）联。

5. 一般在选用电阻器时，除了考虑其标称阻值外，主要还要考虑其（　　　　　　）；选用电容器时，除了考虑其标称容量外，主要还要考虑其（　　　　　　）。

6. 能直接获得被测量数值的测量方式称为（　　　　　　）测量；用伏安法测量电阻的测量方式称为（　　　　　　）测量。

7. 选择仪表量程时，一般应使指针偏转在标尺的（　　　　　　）位置，读数较准确。

8. 说明下面仪表盘面符号含义：

～　　2.5　⊥　　☆　　

9. 使用兆欧表时，仪表应该（　　　　）放置，摇动手柄的转速应达到（　　　　）。

10. 电流互感器的次级绕组不允许（　　　　　）。

11. 用二瓦特表法测量三相电路有功功率，适用于三相（　　　　　）电路。

12. 测量时，仪表本身消耗的功率越（　　　　　）越好。仪表消耗的功率越（　　　　　），测量就越准确。

13. 电动系功率表的电流线圈应与被测电路（　　　　　）连接；电压线圈应与被测电路（　　　　　）连接。

14. 测量电路中某点电位时，首先应该选定电路的（　　　　　）。

15. 仪表的准确度等级越高，其基本误差越（　　　　　），表示仪表的准确度越（　　　　　）。

16. 准确度等级为 0.5 的仪表，在规定条件下，其最大引起误差不允许超过（　　　　　）。

17. 仪表的灵敏度越高，量限就越（　　　　　）；灵敏度越低，则仪表的准确度就越（　　　　　）。

18. 测量时，仪表消耗的功率越小，对被测电路的影响就越（　　　　　），测量就越（　　　　　）。

19. 磁电系仪表的代号为（　　），电磁系仪表的代号为（　　），电动系仪表的代号为（　　），整流系仪表的代号为（　　）。

20. 兆欧表是用来测量（　　　　　）的仪表。

21. 有功电能表的计量单位是（　　　　　），无功电能表的计量单位是（　　　　　）。

22. 电能表铭牌上 10（40）A 的含义是（　　　　　　　　　）。

23. 电能表铭牌上 1800r/（kW·h）的含义是（　　　　　　　　）。

24. 将电路中大电流变为小电流的互感器称为（　　　　　），将电路中高电压变为低电压的互感器称为（　　　　　）。

25. 电压互感器的额定二次负载是指（　　　　　　　　　　　）。

26. 使用电压互感器时，其一次绕组应与被测电压回路（　　）连接，而二次侧和所有仪表负载（　　）连接，即电压互感器的接线应遵守并联原则。

27. 使用电流互感器时，其一次绕组应与被测电流回路（　　）连接，而二次侧和所有仪表负载（　　），即电流互感器的接线应遵守串联原则。

28. 对某些转动力矩与电流方向有关的仪表（如功率表，电能表等），在接入互感器时，必须遵守仪表的（　　　　　）接线原则。

29. 电压互感器和电流互感器的二次绕组的一端必须（　　　　　）。

30. 电压互感器实际上就是一个降压变压器，所以其一次绕组的匝数比二次绕组的匝数（　　）。

31. 电流互感器实际上就是一个降流变压器，所以其一次绕组的匝数通常比二次绕组的匝数（　　）。

32. 电压互感器的特点是二次负载（如电压表）的阻抗很（　　），相当于变压器的（　　）状态。

33. 电流互感器的特点是二次侧所接负载（如电流表）的阻抗很（　　　），相当于变压器的（　　　）状态。

34. 运行中的电流互感器的二次侧不允许（　　　），不允许在电流互感器的二次侧装设熔断器。

35. 电压互感器的一次、二次侧都不允许（　　　），在电压互感器的一次和二次侧都应装设（　　　），作为短路事故的保护。

36. 在不断开电路的情况下测量电流，可使用（　　　　　　）表。

三、判断题

1. 当被测量不是同一值时，应该用绝对误差的大小来判断测量的准确度。（　　　）

2. 磁电系测量机构与整流器配合便构成整流系测量机构，整流系测量机构不能直接测量正弦交流电流。（　　　）

3. 磁电式仪表只能测直流电。（　　　）

4. 电磁系仪表可以交直流两用，过载能力强，刻度均匀。（　　　）

5. 磁电系仪表的准确度高，灵敏度高，功耗小，过载能力强。（　　　）

6. 电流表应与电路串联，其内阻应尽可能小；电压表应与电路并联，其内阻应尽可能大。（　　　）

7. 仪表的准确度等级越高，则测量结果的准确度就越高。（　　　）

8. 选择仪表量程时，一般应使指针偏转在标尺的中间刻度范围位置，读数较准确。（　　　）

9. 电动系功率表测量功率时，电流线圈应与被测电路串联连接；电压线圈应与被测电路并联连接。功率表接线时，需要遵守发电机守则。（　　　）

10. 选择功率表测量功率的量限，就是正确选择功率表的电流和电压量限。（　　　）

11. 万用表可以测量电气设备的绝缘电阻。（　　　）

12. 使用万用表的电阻挡可以在断电情况下判断电路的导通或断开的情况。（　　　）

13. 不允许使用万用表测量带电的电阻。（　　　）

14. 使用万用表测量电阻时，选择的倍率，应使指针尽量向满刻度方向偏转。（　　　）

15. 用万用表测量直流电压和电流时，应读取标有"DC"的标尺上的读数。（　　　）

16. 用万用表测量交流电压时，应读取标有"AC"的标尺上的读数。（　　　）

17. 不能用万用表欧姆挡去直接测量检流计、微安表头、标准电池等仪器和仪表的内阻，否则很可能会损坏这些仪器仪表。（　　　）

18. 较长时间不使用万用表时，应取出表内电池。（　　　）

19. 万用表调零器的作用是使指针的初始位置在各测量挡都保持在零位上。（　　　）

20. 使用兆欧表读数时，应该边摇边读数。（　　　）

21. 兆欧表的标度尺的单位是"兆欧"（MΩ）。（　　　）

22. 兆欧表的标度尺是反标度的。（　　　）

23. 用兆欧表测量测试完毕后，应先将 L 端子引线与被测设备的测试级断开，再停止摇动手柄。（　　　）

24. 用兆欧表测量电器设备的绝缘电阻时，必须先切断电源，并将设备进行

放电。（　　）

25．在兆欧表停止转动和被测设备放电以后，才可以用手拆除测量连线。（　　）

26．用兆欧表测量电力线路对地的绝缘电阻时，应将 L 接线端与被测线路相连，E 接线端可靠接地。（　　）

27．用兆欧表测量电动机的绝缘电阻时，应将 L 接线端与电机的绕组相连，E 接线端接机壳。（　　）

28．用兆欧表测量电缆的线芯和外壳的绝缘电阻时，应将 L 接线端与线芯相连，E 接线端接外壳，G 与中间的绝缘层相连。（　　）

29．使用兆欧表时应使用专门的测试线，不允许使用单股导线。（　　）

30．选用兆欧表时表的额定电压等级应与被测设备的耐压水平相适应，以避免被测物的绝缘击穿。（　　）

31．使用兆欧表测量绝缘时，应该缓慢摇动手柄，以保证安全。（　　）

32．使用兆欧表测量绝缘时，应该将兆欧表垂直放置，以保证读数准备。（　　）

33．使用兆欧表时摇测设备绝缘时，应由两人担任。（　　）

34．使用接地电阻测量仪时，测量前应将接地装置与被保护的电气设备断开，不得带电测试接地电阻。（　　）

35．接地电阻测量仪不准开路摇动手柄，否则将损坏仪表。（　　）

36．刚下雨后不要测量接地电阻，因为这时所测的数值不是平时的接地电阻值。（　　）

37．为了扩大电流表的量程，可以在表头上并联一个分流器。（　　）

38．为了扩大电压表的量程，可以在表头上串联一个附加电阻。（　　）

39．电磁系仪表的抗干扰能力比磁电系强。（　　）

40．感应系仪表可以测量直流电。（　　）

41．直流电路中，如电路中的电流大于电流表的量程，则可采用电流互感器来扩大电流表的量程。（　　）

42．一瓦特表法适用于三相对称电路。（　　）

43．电能表用符号"C"表示每千瓦时铝盘的转盘数。（　　）

44．三相三线有功电能表用于三相对称电路。（　　）

45．电桥只能用来测量电阻。（　　）

46．直流双臂电桥可以精确测量电阻值。（　　）

47．直流单臂电桥主要用来测量小电阻。（　　）

48．钳型电流表可以在不切断电路的情况下进行电流测量，使用方便。（　　）

49．使用钳型电流表测量电流时，应使被测导线置于钳口的中心位置，以利于减小测量误差。（　　）

50．钳型电流表不能测量裸导体的电流。（　　）

51．使用钳型电流表时，严禁在测量过程中切换挡位。（　　）

52．钳型电流表是利用电流互感器的原理制成的，电流互感器不准二次侧开路。（　　）

参 考 文 献

[1] 孙爱东，贺令辉．电工技术及应用 [M]．北京：中国电力出版社，2012．
[2] 刘培玉．电工操作技术 [M]．合肥：安徽科学技术出版社，2008．
[3] 人力资源和社会保障部教材办公室．维修电工基本技能训练 [M]．北京：中国劳动社会保障出版
　　社，2011．
[4] 周南星，周晓露，齐忠玉．电工测量及实验 [M]．北京：中国电力出版社，2013．